Günter Trolldenier

Bodenbiologie

Die Bodenorganismen
im Haushalt der Natur

Kosmos · Gesellschaft der Naturfreunde
Franckh'sche Verlagshandlung · Stuttgart

Umschlag von Edgar Dambacher
Mit 47 Zeichnungen von Maria Bertsch, Sigrid Haag und Monika Traunecker sowie 57 Fotos und 5 Tabellen

Es sind bereits erschienen:

Björn Afzelius	Das elektronenmikroskopische Bild der Zelle
Colin Russell Austin	Die Befruchtung
Marston Bates	Der Mensch und seine Umwelt
Harold C. Bold	Das System der Pflanzen
J. Artur Campbell	Energie und Entropie
Vincent G. Dethier/ Eliot Stellar	Das Verhalten der Tiere
David M. Bonner/ Stanley E. Mills	Die Vererbung
Arthur W. Galston	Physiologie der grünen Pflanze
Earl D. Hanson	Die Entstehung der Formen
William D. McElroy	Biochemie und Physiologie der Zelle
Knut Schmidt-Nielsen	Physiologie der Tiere
Glenn T. Seaborg	Transurane
Maurice Sussman	Physiologie der Entwicklung
Carl P. Swanson	Die Zelle
Erich Thenius	Paläontologie
Bruce Wallace/ Adrian M. Srb	Leben und Überleben
Emil H. White	Grundlagen der Chemie für Biologen und Mediziner

Franckh'sche Verlagshandlung, W. Keller & Co., Stuttgart, 1971

Printed in Germany
LH 14 hö / ISBN 3-440-03825-4
Gesamtherstellung: Konrad Triltsch
Graphischer Betrieb, Würzburg

Vorwort

Vor mehr als einem halben Jahrhundert ist im gleichen Verlag ein Buch erschienen, das einen größeren Leserkreis mit dem biologischen Geschehen im Boden vertraut machte: R. H. FRANCÉ, „Das Edaphon, Untersuchungen zur Oekologie der bodenbewohnenden Mikroorganismen". 1. Aufl. 1910, 2. Aufl. 1921. Seit dieser Zeit ist unser Wissen von der verborgenen Tätigkeit der Bodenlebewesen so umfangreich geworden, daß es kaum mehr möglich ist, alle Zweige dieser interessanten Wissenschaft zu überblicken. Längst hat sich auch die Bodenbiologie in zahlreiche Spezialgebiete aufgegliedert, was dem Nichtfachmann den Zugang zu ihr beträchtlich erschwert. So dürfte für viele eine kürzere zusammenfassende Darstellung der neueren Erkenntnisse bodenbiologischer Forschung recht nützlich sein. Diesem Zweck soll dieses Buch, ohne eingehende Kenntnisse vorauszusetzen, dienen. Es wendet sich an naturkundlich interessierte Leser, die von den biologischen Vorgängen im Boden sonst nur am Rande etwas erfahren, aber auch an den Praktiker. Denn gerade die veränderten Verhältnisse der Landwirtschaft erfordern eine genauere Kenntnis der biologischen Seite der Bodenfruchtbarkeit. Darüber hinaus gebührt dem Boden als Teil unserer bedrohten Umwelt mehr denn je die Aufmerksamkeit einer breiteren Öffentlichkeit.

Großzügige Unterstützung wurde mir zuteil von dem Direktor der Landwirtschaftlichen Forschungsanstalt Büntehof, Hannover-Kirchrode, Herrn Prof. Dr. K. MENGEL, sowie den Mitarbeiterinnen und Mitarbeitern des Büntehofes.

Herr Prof. Dr. K. H. Domsch und Herr Dr. O. Graff vom Institut für Bodenbiologie der Forschungsanstalt für Landwirtschaft, Braunschweig-Völkenrode, sowie Herr Dr. Beck, Bayerische Landesanstalt für Bodenkultur, Pflanzenbau und Pflanzenschutz, gaben wertvolle Hinweise und übernahmen eine kritische Durchsicht des Manuskripts. Zahlreiche Kollegen überließen mir Bildmaterial, Sonderdrucke und gaben Auskünfte. Der Verlag sorgte für eine großzügige Ausstattung. Ihnen allen gilt mein herzlichster Dank.

Günter Trolldenier

Der Boden als Teil der terrestrischen Ökosysteme

1

Wenn man sich der Betrachtung der Bodenlebewelt zuwendet und deren Vielfalt und Tätigkeit verstehen will, dann darf man ihren Lebensraum nicht außer acht lassen. Die Bodenbiologie unterscheidet sich somit von der reinen Biologie dadurch, daß sie ihr Hauptaugenmerk auf die Wechselbeziehungen der Bodenorganismen zu ihrer Umwelt richtet. Nach dem berühmten Biologen Ernst Haeckel (1834 – 1919) wird die Wissenschaft, die die Beziehungen der Organismen zu ihrer Umwelt behandelt, als Ökologie (Haushaltskunde) bezeichnet. In diesem Sinne ist die Bodenbiologie eine ökologische Disziplin. Sie hat die Beziehungen der im Boden lebenden Organismen untereinander und zu dem abiotischen Teil des Bodens zu erforschen. Damit stellt die Bodenbiologie ein Bindeglied zwischen Botanik, Mikrobiologie, Zoologie und Bodenkunde dar.

Die Gesamtheit aller Organismen eines Lebensraumes bildet eine Lebensgemeinschaft oder Biozönose. Es gibt terrestrische und aquatische Biozönosen, das heißt solche, die auf dem Lande und solche, die in den Gewässern bestehen. Eine Biozönose existiert niemals für sich allein, sondern ist stets mit dem Lebensraum oder Biotop zu einer Ganzheit, dem sog. Ökosystem, verbunden (Bild 1). Die unlösbare Zusammengehörigkeit von Biozönose und Biotop zeigt sich beispielsweise in einer terrestrischen Biozönose darin, daß aus der Anwesenheit oder dem Fehlen bestimmter Bodenbewohner auf gewisse Bodeneigenschaften geschlossen werden kann. Jede Biozönose setzt sich aus drei

Bild 1. In der Natur existiert weder die Biozönose noch der Biotop für sich allein, beide zusammen bilden das Ökosystem. Sie werden nur durch das menschliche Denken voneinander getrennt (nach DICE verändert, aus BALOGH)

großen ökologischen Organismengruppen zusammen:

Produzenten – grüne Pflanzen, die organische Substanz aufbauen
Konsumenten – Tiere, die sich von organischen Stoffen ernähren
und Reduzenten – Mikroorganismen, die die organische Substanz wieder mineralisieren.

Allerdings ist eine strenge Trennung nicht immer möglich. Innerhalb der Bodenlebewelt, der FRANCÉ 1910 den Namen „Edaphon" gab, herrscht die Tätigkeit der Reduzenten vor.

In den meisten Ökosystemen vollzieht sich ein geschlossener Kreislauf der Stoffe, weil Produzenten, Konsumenten und Reduzenten in ausgewogenem Maße nebeneinander vorkommen. Ist der Kreislauf unterbrochen oder unvollständig, so handelt es sich um ein offenes Ökosystem. Das ist beispielsweise beim Moor der Fall. Dort fehlen wichtige Reduzenten oder sind in ihrer Tätigkeit so stark eingeschränkt, daß wenig zersetzte organische Substanz angereichert wird.

Wenn in einem Ökosystem die Lebensbedingungen konstant bleiben, dann pendelt die Zahl der in ihm lebenden Arten und Individuen um einen gewissen Durchschnittswert. Es stellt sich ein „biozönotisches Gleichgewicht" ein. Dieses Gleichgewicht ist keineswegs starr, sondern ausgesprochen dynamisch. Die Zusammensetzung einer Biozönose wird durch die in ihr herrschenden Lebensbedingungen, wie Nährstoffverfügbarkeit, Wasser, Luft und Temperatur bestimmt. Bei ausgewogenem optimalem Zusammenspiel dieser Faktoren ist die Biozönose durch eine mannigfaltige Artenzusammensetzung bei gleichzeitig geringer Individuenzahl der einzelnen Arten gekennzeichnet. Je ungünstiger einer oder mehrere Umweltfaktoren sich gestalten, um so artenärmer, jedoch individuenreicher ist eine Biozönose zusammengesetzt (Bild 2). Tritt eine einseitig gerichtete Veränderung des Biotops ein – an der die Biozönose selbst beteiligt sein kann –, dann lösen sich verschiedene Biozönosen ab. Die im Laufe der Zeit aufeinanderfolgenden Lebensgemeinschaften werden als Sukzessionen bezeichnet. Solche treten auf bei der Entstehung und Entwicklung der Böden. Natürliche Biozönosen werden in einer Kulturlandschaft, die ständigen mehr oder minder starken Eingriffen des Menschen ausgesetzt ist, immer seltener.

Noch ist die Bestandsaufnahme der mannigfaltigen Bodenlebewelt bei weitem nicht abgeschlossen. So schätzte STARKEY 1958 den Anteil der bisher bekannten Bakterien an der Bakterienflora des Bodens auf weniger als 10%. Auch über das mengenmäßige Vorkommen bestimmter Bodenbewohner in verschiedenen Biotopen herrschen oftmals noch keine genauen Vorstellungen. Da aber für die biotisch gesteuerten Umsetzungen im Boden allein die Leistungen der Organismen entscheidend sind, stellt die bodenbiologische Forschung heute die biochemische Ökologie in den Vordergrund ihrer Bemühungen.

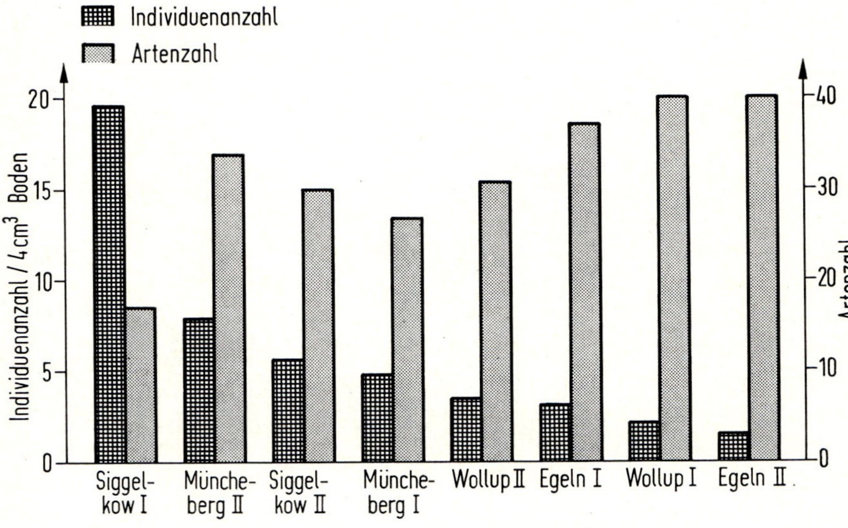

Bild 2. Individuen- und Artenzahl der Collembolen an acht verschiedenen Standorten (NAGLISCH)

Einteilung und Beschreibung der Bodenorganismen

2

Die vielfältigen biotischen Vorgänge im Boden sind leichter zu verstehen, wenn man weiß, welche Lebewesen an ihnen beteiligt sind. Aus diesem Grunde soll zunächst ein kurzer systematischer Überblick von dem Reich der Bodenorganismen gegeben werden. Dabei wollen wir nur solche Bodenbewohner berücksichtigen, die für die Stoffumsetzungen von größerer Bedeutung sind. Der überwiegende Teil der im Boden vorkommenden Lebewesen bleibt dem bloßen Auge verborgen. Erst die Erfindung des Mikroskops ermöglichte ihre Entdeckung und genauere Untersuchung. Mit Hilfe eines selbstgebauten Mikroskops beobachtete als erster der Holländer ANTONIE VAN LEEUWENHOEK 1683 im Teichwasser vorkommende Kleinlebewesen, die er als „Biesterkens“ und „levende Dierkens“ bezeichnete. Allerdings blieb ihre Herkunft noch lange Zeit unklar. Die seit dem Altertum bestehende Theorie der Urzeugung konnte sich bis in die Mitte des 19. Jahrhunderts halten. Diese Anschauung, nach der kleinere Lebewesen aus leblosen Stoffen entstehen sollten, war nur allmählich zu erschüttern. Zwar hatte der italienische Naturforscher SPALLANZANI bereits Ende des 18. Jahrhunderts einige Gegenbeweise erbracht, aber erst dem großen französischen Pionier der Mikrobiologie, LOUIS PASTEUR, gelang es 1862, das immer wiederkehrende Märchen von der Urzeugung endgültig zu zerstören. Einen gewaltigen Aufschwung nahm diese Wissenschaft, als PASTEUR und der Deutsche ROBERT KOCH Methoden fanden, mit deren Hilfe Mikroorganismen isoliert und in Reinkultur gezüchtet werden konnten. Damit wurde es möglich, die Eigenschaften der Mikroben und die Unterschiede zwischen ihnen näher zu studieren. Auf diesen Grundlagen aufbauend wurden gegen Ende des 19. Jahrhunderts die ersten Untersuchungen über Bodenmikroorganismen angestellt.

Obwohl für die Beobachtung der größeren Bodentiere das Mikroskop und spezielle Untersuchungsverfahren nicht erforderlich sind, begann eine intensivere Beschäftigung mit der Bodenfauna ebenfalls erst im 19. Jahrhundert. Der vielseitige englische Naturforscher CHARLES DARWIN wies als einer der ersten (1881) auf die große Bedeutung der Regenwürmer hin.

Sieht man von den Wurzeln der höheren Pflanzen ab, so gehören zur Bodenflora nur mikroskopisch kleine Organismen, die aber häufig in gewaltiger Anzahl vorkommen. Zuweilen bilden sie Zellverbände, sog. Thalli (Einzahl Thallus), die dann dem unbewaffneten Auge sichtbar sind, wie z. B. bei Flechten und Hutpilzen. Die Bodenfauna dagegen setzt sich aus Lebewesen recht unterschiedlicher Größe zusammen. Viele Bodentiere sind schon mit dem bloßen Auge oder einer einfachen Lupe gut zu erkennen.

Die Bodenflora

Die vereinfachte Zusammenstellung auf S. 14 gibt einen Überblick über die systematische Gliederung der pflanzlichen Bodenorganismen.

Zwar folgen in der Systematik die Pilze den Algen, doch ist es in der bodenbiologischen Literatur üblich, bei der Besprechung der Organismengruppen die Pilze wegen ihrer größeren Bedeutung für den Boden den Algen voranzustellen und – aus methodischen Gründen – die Blaualgen mit den übrigen Algen zusammen zu behandeln.

Bakterien

Die Bakterien gehören zu den für die Stoffumsetzungen im Boden wichtigsten Organismen. Sie sind außerordentlich klein, doch überwiegen sie zahlenmäßig gegenüber allen anderen Lebewesen. In einem Gramm Boden kommen bis zu mehrere Milliarden Bakterien vor. 500 bis 1000 Bakterien aneinandergereiht ergäben erst eine Länge von 1 mm. Deshalb werden ihre Maße in tausendstel Millimetern angegeben. Die entsprechende Maßeinheit dafür, das Mikron (μm), hat 0,001 mm. Die Bakterien sind vorwiegend einzellig und von denkbar einfacher Form. Schon ANTONIE VAN LEEUWENHOEK hat die drei Grundformen Coccus, Stäbchen und Spirillum beschrieben. Kokken sind kugelförmige Bakterien mit einem Durchmesser von gewöhnlich 0,5 bis 2 μm. Kleine, sog. Mikrokokken, stellen den Hauptteil der Bakterien dar,

Systematische Übersicht der Bodenmikroflora

Abteilung	Klasse	Ordnung	Familie
Schizophyta (Spaltpflanzen)	Bacteria (Bakterien)	Pseudomonadales	Nitrobacteriaceae (Nitrifikanten), Methanomonadaceae (u. a. Hydrogenomonas), Thiobacteriaceae (Schwefelbakterien), Pseudomonadaceae, Spirillaceae
		Eubacteriales	Azotobacteraceae, Rhizobiaceae (Knöllchenbakterien), Achromobacteraceae, Micrococcaceae, Corynebacteriaceae, Bacillaceae
		Actinomycetales (Actinomyceten oder Strahlenpilze)	Streptomycetaceae (Streptomyceten)
		Myxobacteriales (Myxobakterien oder Schleimbakterien)	Cytophagaceae, Archangiaceae, Sorangiaceae, Polyangiaceae, Myxococcaceae, Actinoplanaceae
Anhang: Microtabiotes Virales (Viren)			
	Cyanophyceae (Blaualgen)		
Phycophyta (Algen)	Euglenophyceae Chrysophyceae Chlorophyceae (Grünalgen)		
Mycophyta (Pilze)	Myxomycetes (Schleimpilze) Phycomycetes (Algenpilze) Ascomycetes (Schlauchpilze) Basidiomycetes (Ständerpilze)		
	Deuteromycetes (Fungi imperfecti) Mycelia sterilia (sterile Mycelien)		
Lichenes (Flechten)			

wenn der Boden keine frischen, sondern weitgehend humifizierte organische Stoffe enthält. Die stäbchenförmigen Bakterien, von ähnlichem Durchmesser wie die Kokken, sind meistens 2- bis 3mal so lang wie breit, zuweilen aber auch länger. Als Vibrionen bezeichnet man sichelförmig gebogene Stäbchen. Spirillen haben die Form einer gedehnten Spirale, wobei die Zahl der Windungen sehr verschieden sein kann (Bild 3). Zu den kleinsten Bakterien gehört der erst kürzlich entdeckte *Bdellovibrio bacteriovorus.* Dieses Bacterium hat vibrio-ähnliche Gestalt, ist 0,3 μm dick und 1 μm lang. Es dringt in bestimmte Wirtsbakterien ein, vermehrt sich in ihnen und bringt sie schließlich zum Absterben. Am größten sind die im Boden vorkommenden Schwefel- und Eisenbakterien. Sie erreichen eine Länge von 100 μm.

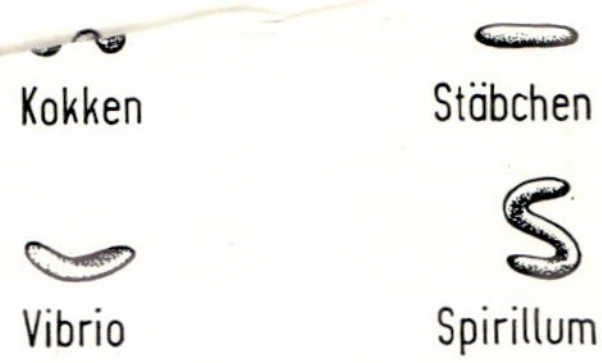

Bild 3. Bakterienformen

Wie bei den höheren Pflanzen ist die Bakterienzellwand verhältnismäßig starr. Sehr biegsam sind nur die Myxobakterien und Spirochäten. Außerhalb der Zellwand sind die Bakterien häufig noch von einer Schleimschicht umgeben, die für die Auflösung schwerlöslicher Mineralnährstoffe, wie Eisen- und Phosphorverbindungen, und für die Bodenstruktur eine große Bedeutung hat (Bild 4). Die Schleimstoffe bewirken eine „Lebendverbauung" der an-

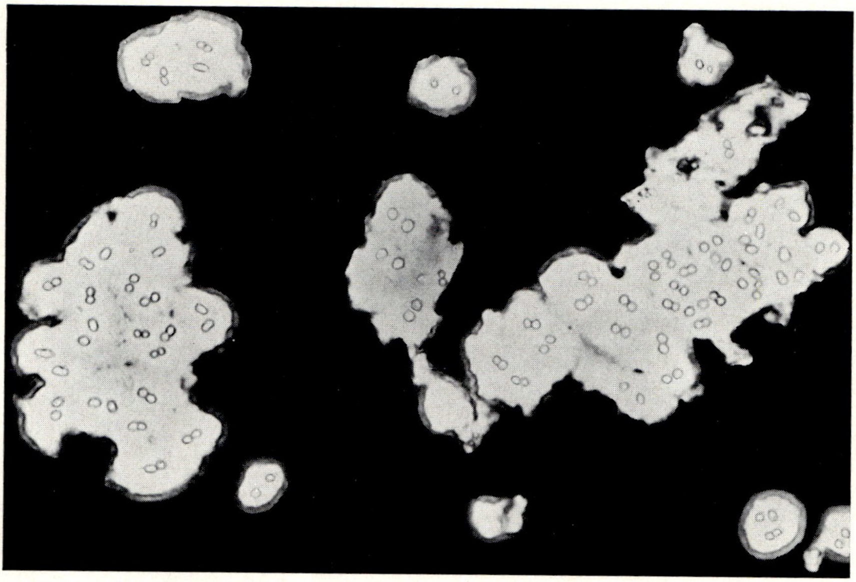

Bild 4. Die Schleimhülle, die die *Azotobacter*-Zellen umgibt, wird im Tuschepräparat sichtbar (Phasenkontrastaufnahme)

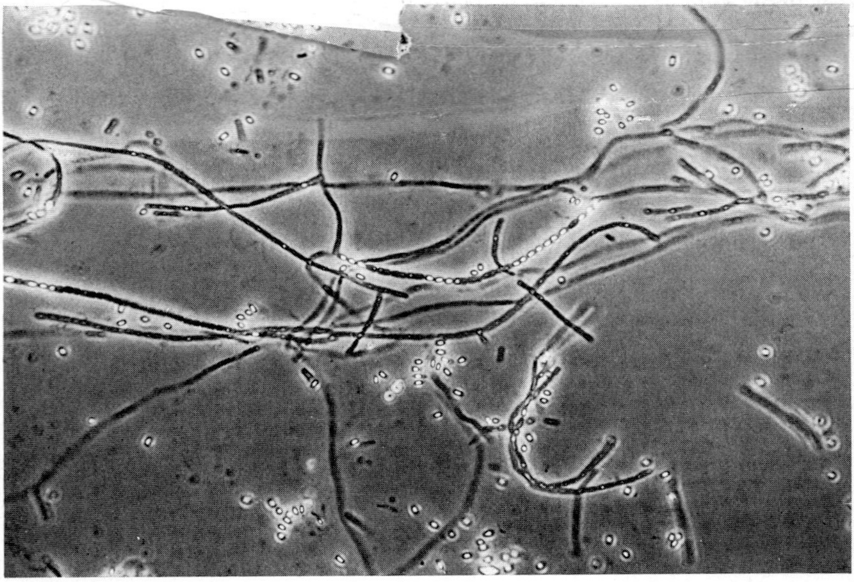

Bild 5. Zellreihen von *Bacillus mycoides*. In vielen Zellen haben sich stark lichtbrechende Sporen gebildet

organischen Bodenteilchen und den Zusammenhalt der Bakterien, wodurch Mikrokolonien, sog. Zoogloeen (gr. zoon = lebendes Wesen, gloia = Gallerte) entstehen.

Bei den Bakteriengattungen *Bacillus* und *Clostridium* werden als Dauerformen gegen Hitze und Austrocknung besonders widerstandsfähige Sporen gebildet, die sich auch durch eine deutlich verstärkte Zellwand auszeichnen. Verschlechtern sich die Lebensbedingungen, so entwickelt sich in einer Bakterienzelle jeweils eine Spore. Bei günstigen Lebensbedingungen quillt sie zunächst und keimt dann zu einem Bacterium aus. Sporen bilden auch die mit den Bakterien in einer Klasse vereinten Actinomyceten. Doch dienen sie diesen vorwiegend zur Vermehrung. Nach der Keimung wachsen die Sporen wie bei den Schimmelpilzen zu verzweigten, oft querwandlosen (unseptierten) Fäden aus. Deshalb werden sie auch Strahlenpilze genannt. Doch entspricht die Breite ihrer Fäden, der Hyphen, und die Zusammensetzung ihrer Zellwände ganz der der Bakterien. Weitere als Cysten bezeichnete Dauerformen treten bei einigen stickstoffbindenden Azotobacterarten, bei nitrifizierenden Bakterien und bei Myxobakterien auf.

Ein Teil der stäbchenförmigen Bakterien kann sich mit schlagenden Geißeln aktiv fortbewegen. Die Art der Begeißelung ist ein wichtiges Unterscheidungsmerkmal. Die Bewegungsgeschwindigkeit begeißelter Bakterien ist im Verhältnis zu ihrer Größe beträchtlich. Sie beträgt etwa 15 bis 75 μm/sec.

Bakterien vermehren sich ausschließlich durch Teilung, stäbchenförmige durch Querteilung. Die Tochterzellen können nach der Teilung lose verbunden bleiben und dann längere Zellfäden bilden (Bild 5). Wachstum und Vermehrung sind bei den Bakterien im allgemeinen ein und dasselbe. Unter optimalen Bedingungen vermehren sie sich mit einer viel größeren Geschwindigkeit als höhere Organismen. Die Generationsdauer beträgt häufig nur eine halbe Stunde.

Die Systematik der Bakterien ist sehr problematisch, da die natürlichen Verwandtschaftsverhältnisse noch weitgehend unbekannt sind. Wichtige klassische Einteilungsprinzipien sind neben äußeren Merkmalen die Sporenbildung, das Verhalten bei bestimmten Färbemaßnahmen, die Säurefestigkeit, die Bildung von Pigmenten, das Verhalten gegenüber Sauerstoff und die Befähigung zu gewissen chemischen Umsetzungen.

Neuerdings wird für die Einteilung der Bakterien außerdem der Gehalt und die Zusammensetzung der Desoxyribonucleinsäuren (DNS) herangezogen. Die DNS sind Träger der Erbeigenschaften aller Organismen. Sie bauen sich aus der Pentose Desoxyribose, Phosphat und den vier organischen Stickstoffbasen Adenin, Guanin, Thymin und Cytosin auf. Die Erbeigenschaften werden allein durch den Anteil und die Reihenfolge (Sequenz) der Basen in den DNS-Makromolekülen bestimmt. Lebewesen sind um so enger verwandt, je ähnlicher die Basensequenz ihrer DNS ist. Für viele Mikroorganismen ist heute die Basensequenz bekannt. Zur Charakterisierung ihrer verwandtschaftlichen Beziehungen genügt oftmals schon die Ermittlung des Anteils an Guanin und Cytosin in einer DNS.

Aus der medizinischen Bakteriologie kommend, werden weiterhin in steigendem Umfang serologische Verfahren zur Identifizierung von Bodenbakterien, insbesondere der Knöllchenbakterien, angewandt.

Die Erfindung des Elektronenmikroskops mit seinem hohen Auflösungsvermögen (bis zu 6 Angström-Einheiten, 1 Å = 0,0001 μm) ermöglichte darüber hinaus, auch den Feinbau der Bakterienzellen als Einteilungsmerkmal heranzuziehen. Die Struktur der Zellwand wird neben ihrer biochemischen Zusammensetzung heute besonders für die Klassifizierung der Actinomyceten herangezogen.

Schließlich versucht man durch Anwendung der „numerischen Taxonomie" nähere Einblicke in die verwandtschaftlichen Verhältnisse der Bodenmikroben zu bekommen. Bei diesem Verfahren werden die Bakterien einer Reihe von Tests unterworfen. Legt man eine bestimmte Zahl übereinstimmender Merkmale zugrunde, so schälen sich bei Anwendung statistischer Methoden Gruppen von Organismen heraus, die miteinander näher in Beziehung stehen.

Von den insgesamt zehn Ordnungen der Bakterien enthalten nur die in der obigen Übersicht angegebenen vier solche Organismen, die im Boden eine Rolle spielen. Die Ordnungen werden, wie im übrigen Pflanzenreich, in Familien, Gattungen und Arten unterteilt.

Pseudomonadales. Hierzu gehören viele Bakterien, die ohne organische Nährstoffe auskommen und ihren Kohlenstoffbedarf aus der Assimilation des Kohlendioxids decken. Die dazu erforderliche Energie gewinnen diese als chemoautotroph (gr. autos = selbst, trophe = Ernährung) oder chemolithotroph bezeichneten Bakterien aus der Oxydation anorganischer Verbindungen. Autotroph leben die sog. Nitrifikanten. Die einen oxydieren Ammoniak zu Nitrit, die anderen Nitrit weiter zu Nitrat (vgl. S. 100)). *Hydrogenomonas*-Arten leben von der Oxydation des molekularen Wasserstoffs zu Wasser und Schwefelbakterien von der Oxydation von Schwefelwasserstoff oder reinem Schwefel zu Schwefelsäure. Die einen großen Anteil an der Bakterienflora des Bodens ausmachenden *Pseudomonas*-Arten (Pseudomonaden) leben dagegen heterotroph (gr. heteros = der andere) oder organotroph, das heißt, sie brauchen organische Kohlenstoffverbindungen als Kohlenstoffquellen. Unter den Spirillen sind besonders der strikt anaerob, also ohne Luftsauerstoff, lebende *Desulfovibrio desulfuricans*, der Sulfat zu Schwefelwasserstoff reduziert, und die Cellulosezersetzer *Cellvibrio* und *Cellfalcicula* von Bedeutung.

Eubacteriales. Die meisten Familien dieser Ordnung enthalten wichtige Bodenbakterien. Luftstickstoff wird von dem frei im Boden lebenden *Azotobacter* gebunden, während die Rhizobien (Knöllchenbakterien) nur in einer Lebensgemeinschaft mit den Leguminosen dazu befähigt sind. Von den Corynebakterien sind die *Arthrobacter*-Arten, über deren Rolle man bisher allerdings nur wenig weiß, außerordentlich zahlreich im Boden. Mit diesen nahe verwandt ist die Gattung *Corynebacterium*, deren Arten teils Pflanzenkrankheiten verursachen, teils als harmlose Saprophyten von organischen Verbindungen leben. Die *Cellulomonas*-Arten, die ebenfalls zu dieser Familie gehören, sind am Celluloseabbau beteiligt. Recht häufig sind auch die sporenbildenden *Bacillus*- und *Clostridium*-Arten. Wenn keine frischen, leicht zersetzlichen organischen Stoffe vorhanden sind, kommen sie vorwiegend als inaktive Sporen vor. Auch unter den Clostridien gibt es wichtige Stickstoffbinder. Selbst in gut durchlüfteten Böden finden diese anaeroben Bakterien entsprechende Lebensbedingungen, nämlich dann, wenn durch die intensive Tätigkeit anderer Organismen in einem kleinen Bodenbereich, einem sog. Mikrostandort, der Sauerstoff weitgehend verbraucht wurde.

Actinomyceten. Sie sind in neuerer Zeit besonders dadurch bekannt geworden, daß einige ihrer Vertreter gegenüber anderen Mikroorganismen hemmend oder gar toxisch wirkende Stoffe, sog. Antibiotika, ausscheiden. Obwohl die Actinomyceten in der Systematik den Bakterien zuzuordnen sind, werden sie bei bodenmikrobiologischen Untersuchungen doch häufig getrennt erfaßt. Die höheren Strahlenpilze, zu denen die Familie der Streptomyceten als für den Boden wichtigste gehört, bilden ein Hyphengeflecht oder Mycel. Auf bakteriologischen Nährböden entwickeln sie ein Substratmycel, das im Nährboden wächst, und darüber ein charakteristisches Luftmycel. Dieses erscheint durch die an den Hyphenenden gebildeten Sporen (Konidien) weiß, rosa oder grau gefärbt und hat ein puderzuckerartiges Aussehen. Dadurch unterscheiden sich die Kolonien der Streptomyceten von den schleimigen und glänzenden Kolonien der übrigen Bakterien. Sie verbreiten meist einen deutlich wahrnehmbaren Erdgeruch. Die Actinomyceten stehen, was ihre Biomasse anbelangt, im Boden gleich an zweiter Stelle hinter den übrigen Bakterien. Ihr Anteil ist in Grünlandböden höher als im Ackerland. In einigen Lebensansprüchen unterscheiden sie sich von den anderen Bakterien. So sind die Actinomyceten gegen saure Reaktion des Bodens noch empfindlicher als die Bakterien. Sie bevorzugen außerdem mehr trockene als feuchte Böden. Da die Strahlenpilze langsamer als Bakterien und Pilze wachsen, treten sie beim Abbau von Pflanzen- und Tierresten erst dann in größerer Zahl auf, wenn die leicht abbaubaren Stoffe weitgehend zersetzt sind. Sie greifen höhermolekulare Verbindungen, wie Cellulose, Chitin und aliphatische Kohlenwasserstoffe an und sind maßgeblich an der Humusbildung beteiligt.

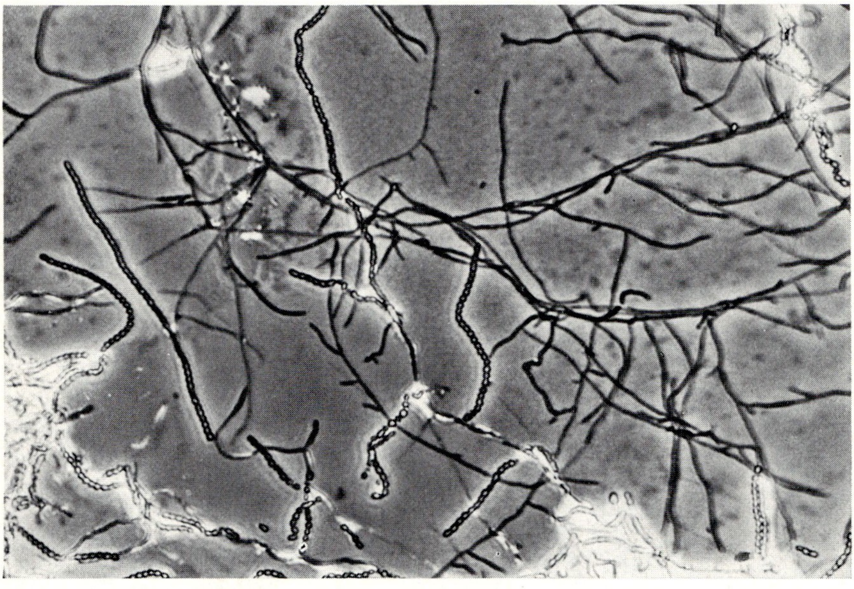

Bild 6. Mycel eines Streptomyceten mit Sporenketten

Nach der Gattung *Streptomyces,* bei der die Konidien in Ketten an Lufthyphen entstehen (Bild 6), folgt in der Verbreitung die Gattung *Nocardia,* die kaum Luftmycel aufweist und keine Konidien bildet. Als dritte ist die Gattung *Micromonospora* erwähnenswert, bei der, wie der Name sagt, einzelne Konidien an den Hyphenenden abgeschnürt werden. Dieser Gattung ähnlich sind thermophile (wärmeliebende) Formen, die Thermoactinomyces, welche bei 50 – 60 °C wachsen und neben thermophilen Bakterien und Pilzen für die Selbsterhitzung des Heues verantwortlich sind. Auch an der Rotte von Stallmist und Kompost haben sie Anteil.

Myxobakterien. Die Verwandtschaft der Myxobakterien oder Schleimbakterien zu den übrigen Bakterien ist recht unsicher. Die vegetativen stäbchenförmigen Zellen bewegen sich in Schwärmen durch Gleitbewegung fort (Bild 7). Manche errichten mit bloßem Auge sichtbare, oft gestielte und bäumchenartig verzweigte Fruchtkörper, die aus schleimigen Zellansammlungen gebildet werden. In den vorwiegend lebhaft orange gefärbten Gebilden entstehen als Cysten bezeichnete Dauerformen. Die Cellulose zersetzenden Myxobakterien kommen vor allem auf Dung von Pflanzenfressern und auf faulendem Holz vor. Einige wichtige Gattungen sind: *Cytophaga, Archangium, Sporangium, Polyangium, Myxococcus, Chondrococcus* und *Sporocytophaga.*

Viren

Manche Bakterien können, ebenso wie die höheren Pflanzen und Tiere, von submikroskopisch kleinen Agentien befallen werden und der Auflösung (Lyse) verfallen. Diese Teilchen werden bei höheren Pflanzen und Tieren als Viren, bei Bakterien als Phagen (gr. phagein = fressen) bezeichnet.

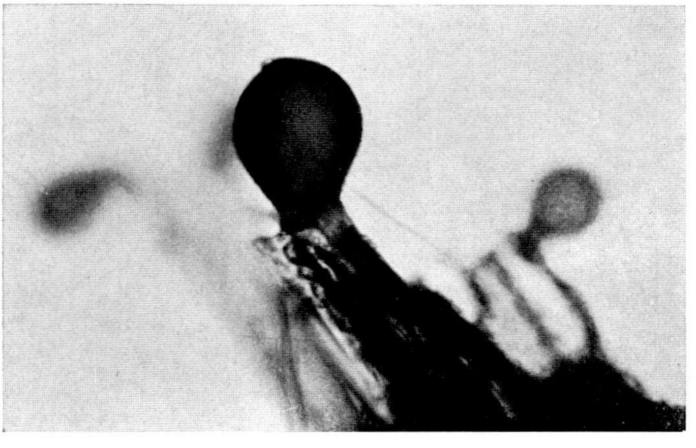

Bild 7. Fruchtkörper von Myxobakterien *(Myxococcus fulvus)* auf verrottetem Holz (KÜHLWEIN u. REICHENBACH)

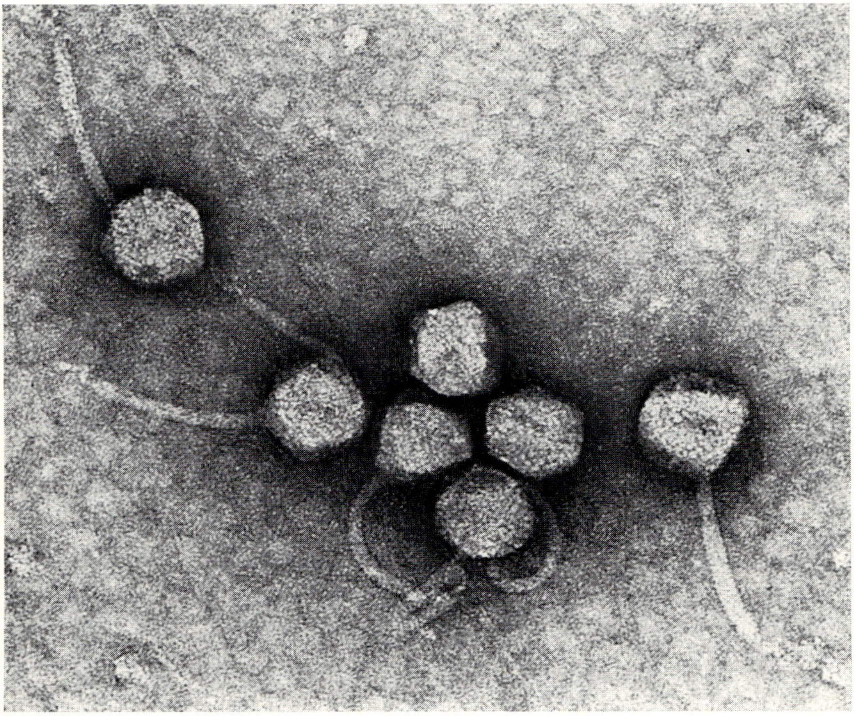

Bild 8. Rhizobiophagen im Elektronenmikroskop. Man sieht deutlich die Gliederung in Kopfteil und Schwanz (DART, KLECZKOWSKA u. WOODS)

Von chemoautotrophen ammonium- und schwefeloxydierenden Bakterien sowie von Pilzen und Algen sind Viren bzw. Phagen bisher nicht bekannt geworden. Viren sind keine eigentlichen Lebewesen, da sie Enzymsysteme zum Aufbau der Körpersubstanz nicht besitzen. Ihr Aufbau wird vielmehr von der befallenen Zelle vorgenommen, zu dem das Virus lediglich die genetische Information liefert. Im Elektronenmikroskop kann man erkennen, daß die bis etwa 0,3 μm langen Phagen sich aus einem Kopfteil und einem Schwanz aufbauen (Bild 8). Die Bedeutung der Phagen für die Bodenbakterien ist noch wenig untersucht. Vermutlich können die Bakteriophagen der knöllchenbildenden Rhizobien die Lebensgemeinschaft dieser mit den Leguminosen beeinträchtigen und dadurch zu Ertragseinbußen bei diesen Pflanzen führen.

Pilze

Unter den pflanzlichen Organismen sind neben den Bakterien vor allem die Pilze Bodenbewohner. Zuweilen übertreffen sie die Bakterien an Zellsub-

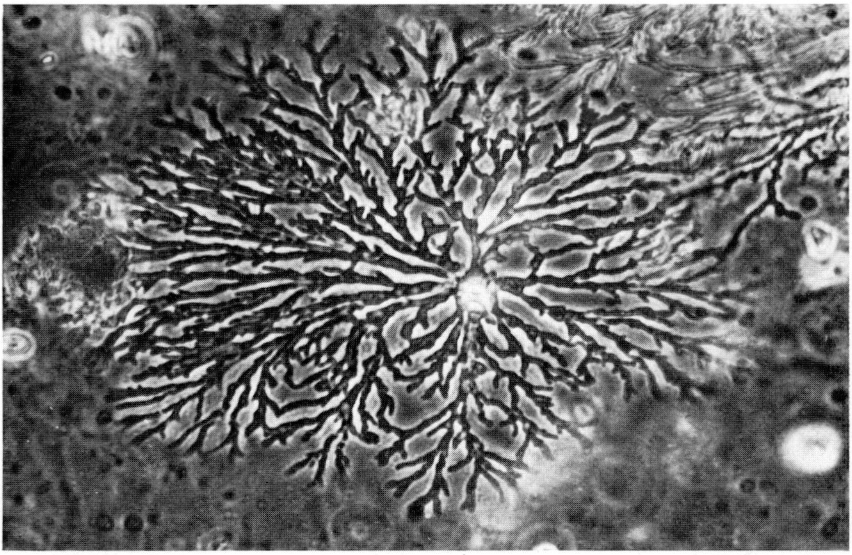

Bild 9. Pilzhyphen breiten sich an Cellophan aus, das einige Zeit im Boden eingebettet war

stanz. In sauren Böden spielen sie eine dominierende Rolle. Für die Humusschicht eines Podsols (vgl. S. 67) wurde beispielsweise die Gesamtlänge der Pilzhyphen mit über 5 m/cm^3 Boden angegeben. Die Pilze leben stets heterotroph und unterscheiden sich von den Bakterien u. a. durch den Besitz eines echten Zellkerns. Wie die Streptomyceten wachsen sie meist fädig und bilden dann ein Mycel (Bild 9). Ihre Hyphen sind jedoch wesentlich breiter. Beispielsweise hat *Aspergillus* einen Hyphendurchmesser von 6 bis 10 μm.

Myxomyceten. Die Schleimpilze, eine Gruppe von unsicherer systematischer Stellung, weichen in ihrem Bau von den echten Pilzen dadurch ab, daß ihre Zellen nackt sind, also nicht wie diese eine Zellwand aus Chitin und/oder Cellulose besitzen. Die amöbenähnlichen Einzelzellen der Schleimpilze vereinen sich zu intensiv gefärbten schleimigen Massen, sog. Plasmodien (Bild 10). Aus diesen entwickeln sich Fruchtkörper, in denen Sporen entstehen. Unter günstigen Bedingungen keimen die Sporen aus, bilden begeißelte Schwärmsporen und werden dann wieder zu Amöben. Die Schleimpilze kommen im Dung sowie anderen sich zersetzenden Stoffen vor und ernähren sich von Bakterien. Ihre Bedeutung liegt wahrscheinlich darin, daß sie die Menge und Zusammensetzung der Bakterienpopulation verändern.

Die echten Pilze werden aufgrund des Vorkommens von Querwänden und der Bildung von Fruchtkörpern unterteilt. Bei den niederen Pilzen, den

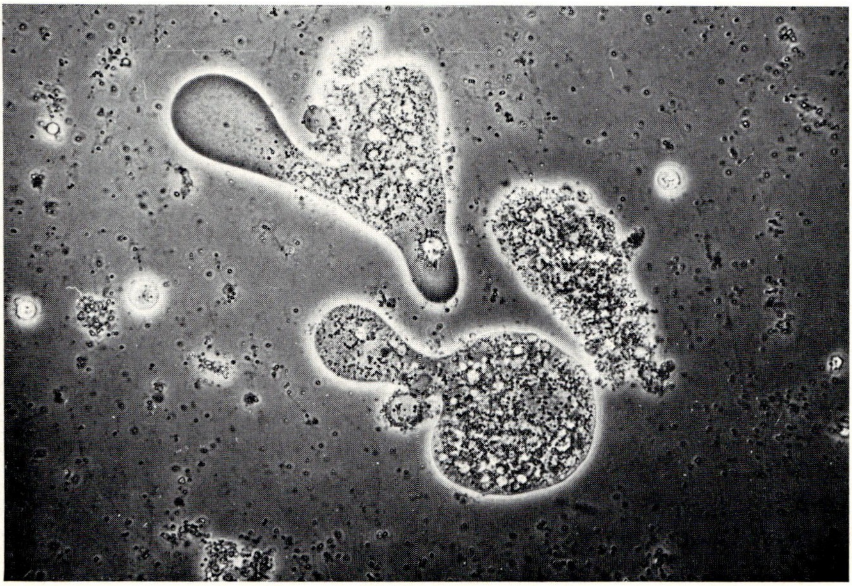

Bild 10. Amöbenartige Zellen eines Myxomyceten

Bild 11. Fruchtkörper eines zu den Ascomyceten gehörenden Becherlings *(Scutellina* sp.), natürliche Größe ca. 2 mm

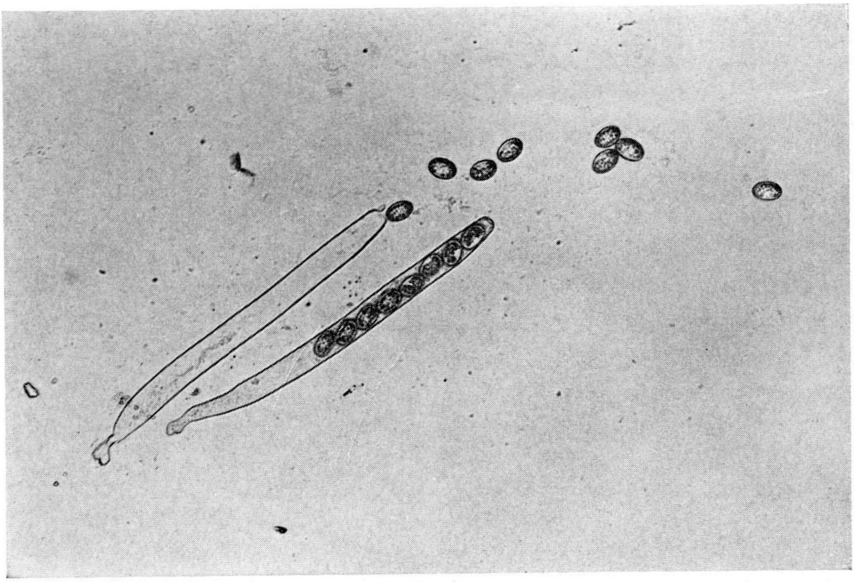

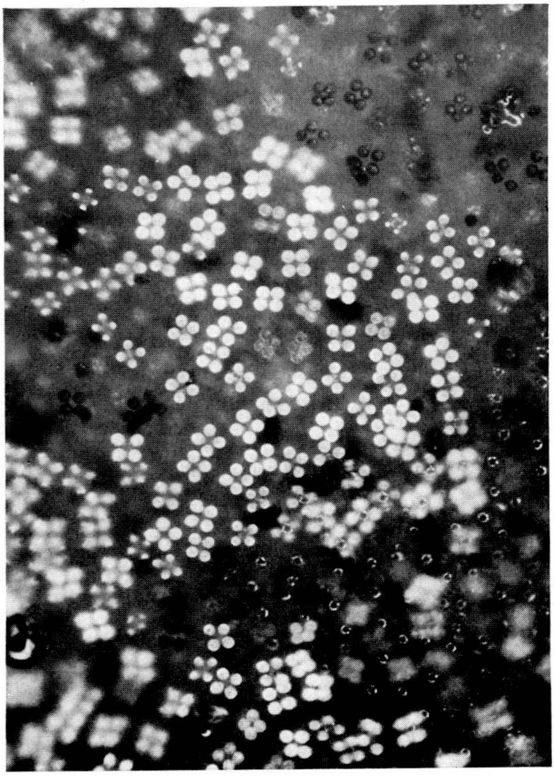

Phycomyceten, besitzen die Hyphen keine Querwände, man bezeichnet sie als unseptiert. Die septierten Ascomyceten bilden Fruchtkörper (Bild 11) mit zahlreichen schlauchförmigen Zellen, den Asci, in denen (endogen) sog. Ascosporen entstehen (Bild 12). Die ebenfalls septierten Basidiomyce-

Bild 12. (oben) Asci aus einem Fruchtkörper (Bild 11), links Ascosporen entleert; (rechts) alle acht Sporen befinden sich noch in dem Ascus

Bild 13. (links) Aufsicht auf die Lamelle eines Blätterpilzes, die Viereranordnung der Basidien in verschiedenen Reifestadien zeigend

Bild 14. Isolierte Basidie mit Basidiosporen; die vierte Spore ist verdeckt

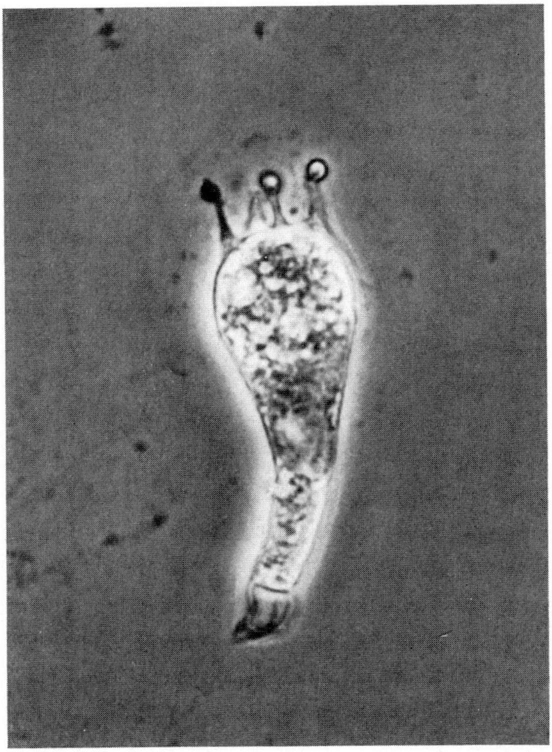

ten schnüren dagegen an speziellen Sporenträgern, den Basidien, nach außen (exogen) Basidiosporen ab (Bilder 13 und 14). Als Fungi imperfecti werden solche höheren Pilze zusammengefaßt, die nur ungeschlechtliche Sporen (Konidien) bilden. Außerdem sind Pilze isoliert worden, bei denen überhaupt keine Sporenbildung beobachtet wurde. Sie werden als Mycelia sterilia – sterile Mycelien – bezeichnet.

Phycomyceten. In dieser Klasse kommen, besonders bei der Familie der Mucoraceen oder Köpfchenschimmel, viele saprophytische Bodenbewohner vor. Sie bauen vornehmlich Kohlenhydrate, außer Cellulose, ab und sind vorwiegend im Waldboden zu finden. Der Name Köpfchenschimmel deutet auf die köpfchenförmigen schwarzen, 0,1 mm großen Sporangienträger hin, an denen die Sporangiosporen entstehen (Bild 15). Besonders bekannt sind die Gattungen *Mucor, Rhizopus* und *Mortierella.* Die Familie der Peronosporaceen beherbergt Erreger von Pflanzenkrankheiten, u. a. Pythium de Baryanum, das keimende Samen befällt.

Ascomyceten. Zu den Ascomyceten (Schlauchpilzen) gehört ein großer Teil der Bodenpilze, wenn man zu ihnen diejenigen Fungi imperfecti rechnet, von denen man heute, wie bei vielen *Aspergillus-* und *Penicillium*-Arten, weiß, daß sie als Hauptfruchtform Asci bilden. Auch die Hefen werden, soweit von ihnen Fruchtkörper bekannt sind, hier eingeordnet. Hefen sind vorwiegend einzellige Organismen, die sich hauptsächlich vegetativ, also ungeschlechtlich, durch Sprossung vermehren (Bild 16). Sie kommen fast immer im Boden vor, wenn auch nur in kleiner Zahl.

Basidiomyceten. Obwohl die Basidiomyceten (Ständerpilze) aus dem Boden mit den herkömmlichen Verfahren nicht zu isolieren sind, besteht

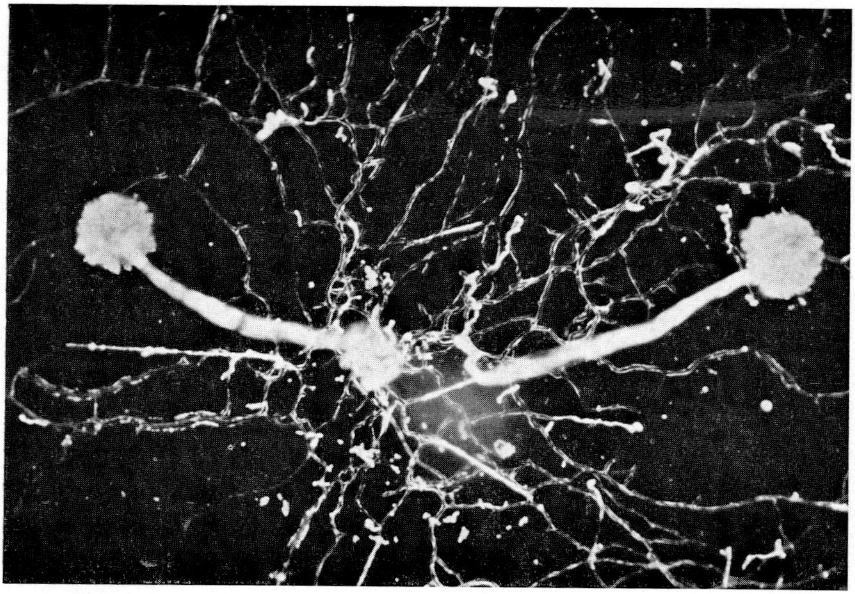

Bild 15. Zwei Sporangien und Mycel des Köpfchenschimmels *(Mucor)*

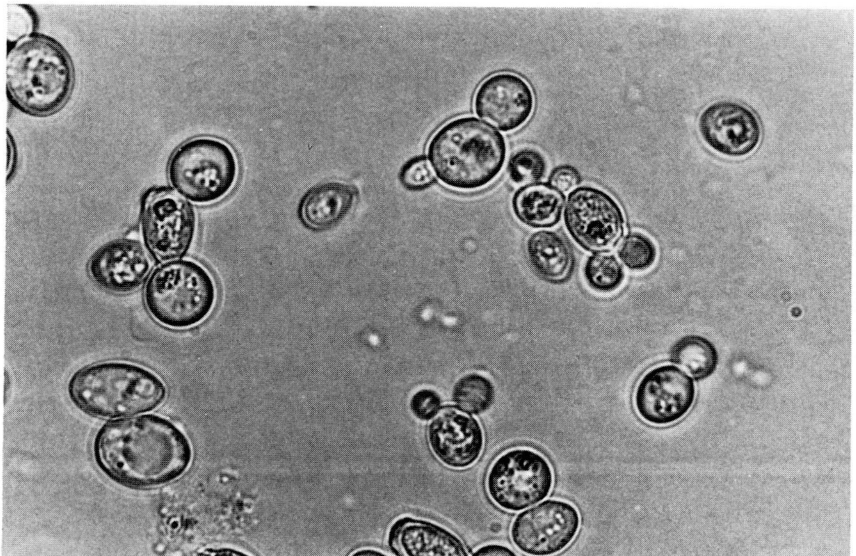

Bild 16. Sprossende Hefezellen

über ihr Vorkommen und ihre bodenbiologische Bedeutung auf Wald- und Wiesenstandorten kein Zweifel. Von ihrer Anwesenheit künden die als Hutpilze bekannten Fruchtkörper. Viele von ihnen sind Lignin- und Cellulosezersetzer und vor allem für den Abbau verholzter Pflanzenteile verantwortlich. Zahlreiche Basidiomyceten leben mit den Wurzeln der Bäume in einer als Mykorrhiza bezeichneten Lebensgemeinschaft. Die Mykorrhiza spielt bei der Ernährung der Bäume eine wichtige Rolle.

Fungi imperfecti. In ein künstliches System nach der Entstehungsart der Konidien werden die „unvollkommenen" Pilze, die keine Hauptfruchtform entwickeln, eingeordnet. In dieser Gruppe finden sich Vertreter vieler bedeutender Gattungen, wie *Aspergillus, Penicillium, Botrytis, Gliocladium, Trichoderma, Trichothecium, Verticillium, Alternaria, Cladosporium, Cylindrocarpon* und *Fusarium*. Eine Reihe von Arten dieser Gattungen hatten an der Bildung von Humusstoffen einen beträchtlichen Anteil.

Algen

Neben den stets heterotrophen Pilzen und den überwiegend heterotrophen Bakterien gibt es im Boden Organismen, die denselben grünen Blattfarbstoff, das Chlorophyll, besitzen wie die höheren Pflanzen. Diese als Algen bezeichneten Lebewesen sind somit in der Lage, auf dem Wege der Photosynthese mit Hilfe der Lichtenergie das Kohlendioxid der Luft zu assimilieren. Einzelne Algen können aber auch, wenn sie in tiefere Bodenschichten gelangen, ohne Sonnenenergie auskommen und eine Zeitlang von organischen Stoffen leben. Zuweilen kommt es an der Bodenoberfläche bei genügender Feuchtigkeit zu einer Massenvermehrung von Algen. Meistens ist ihre Zahl im Boden aber geringer als die der Bakterien und Pilze, denn Algen leben vorwiegend im Wasser. Immerhin können bis zu einigen Millionen/g in den oberen Zentimetern des Bodens gefunden werden.

Cyanophyceen. Bei den Blaualgen handelt es sich um einfach organisierte Lebewesen, deren Zellen sehr klein sind ($3-5\ \mu m$ Durchmesser, Bild 17). Sie besitzen keinen echten Zellkern und enthalten neben Chlorophyll einen blauen Farbstoff Phycocyan sowie einen roten Farbstoff Phycoerythrin. Die Pigmente sind in der äußeren Plasmaschicht diffus verteilt. Die Blaualgen decken normalerweise ihren Kohlenstoffbedarf durch die Kohlendioxidassimilation, sie können aber auch organische Nahrung aufnehmen. Manche binden den Luftstickstoff, so *Anabaena, Chroococcus, Cylindrospermum, Nostoc* und *Tolypothrix*. Diese sind ein wichtiges Glied im Stickstoffkreislauf der Natur.

Von den Blaualgen unterscheiden sich die eigentlichen Algen durch den Besitz von echten Zellkernen und von Chloroplasten. Sie werden nach ihren Plastiden-Farbstoffen in eine Anzahl Klassen eingeteilt.

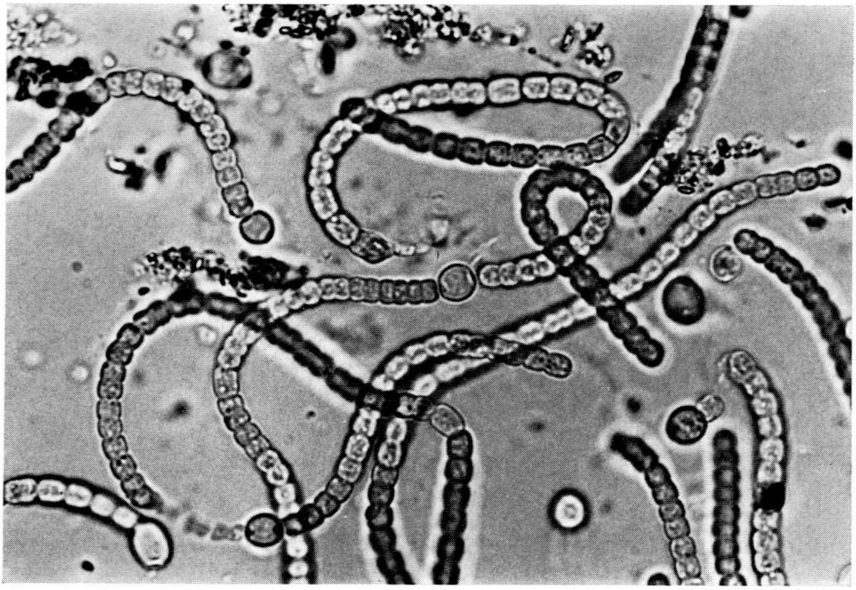

Bild 17. Stickstoffbindende Blaualge der Gattung *Nostoc*

Euglenophyceen. Diese Organismen sind insofern interessant, als sie an der Grenze von Tier- und Pflanzenreich stehen. Sie sind begeißelt und besitzen oft einen roten Augenfleck. Die Chlorophyll enthaltenden Formen werden zu den Algen gezählt, während die farblosen, die sich von Bakterien oder organischen Stoffen ernähren, zu den Flagellaten (Geißeltieren) gestellt werden. Die bekannteste Gattung ist *Euglena.*
Chrysophyceen. Dazu gehören die bräunlich gefärbten Diatomeen oder Kieselalgen. Ihre verkieselten Zellwände bestehen aus zwei sich überlappenden Hälften (Bild 18). Die Kieselalgen sind häufiger in neutralen und schwach alkalischen Böden als in sauren.
Chlorophyceen. Die Grünalgen, die ein- und mehrzellige Formen umfassen, sind im Boden recht zahlreich vertreten (Bild 19).

Flechten (Lichenes)

Bei den Flechten handelt es sich um eine Lebensgemeinschaft (Symbiose) von Algen und Pilzen. Sie sind keine eigentlichen Bodenbewohner, spielen aber bei der Entstehung des Bodens eine wichtige Rolle, worauf später noch eingegangen wird. Die Einteilung der Flechten erfolgt nach dem Pilzpartner, der häufig ein Ascomycet, seltener ein Basidiomycet ist. Als Algenkomponente kommen Blaualgen, u a. solche, die Stickstoff binden, und Grünalgen in Frage.

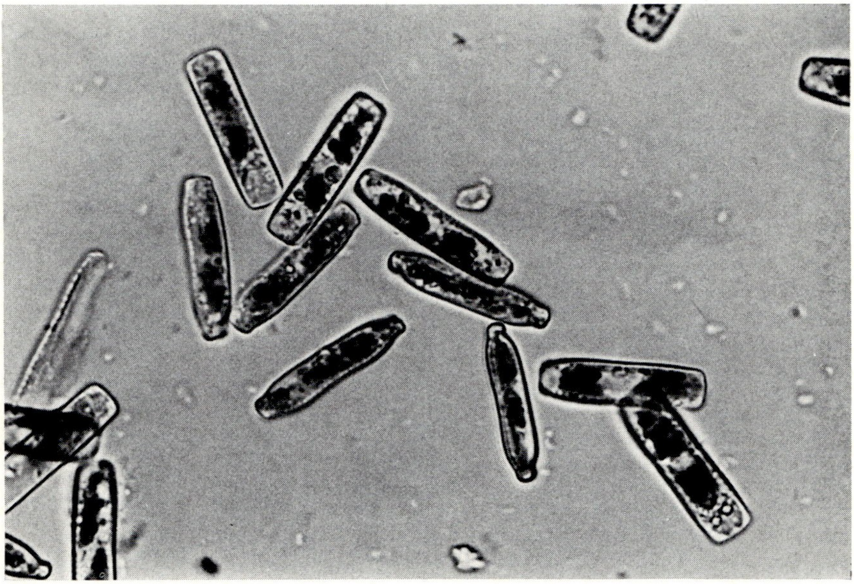

Bild 18. Kieselalgen

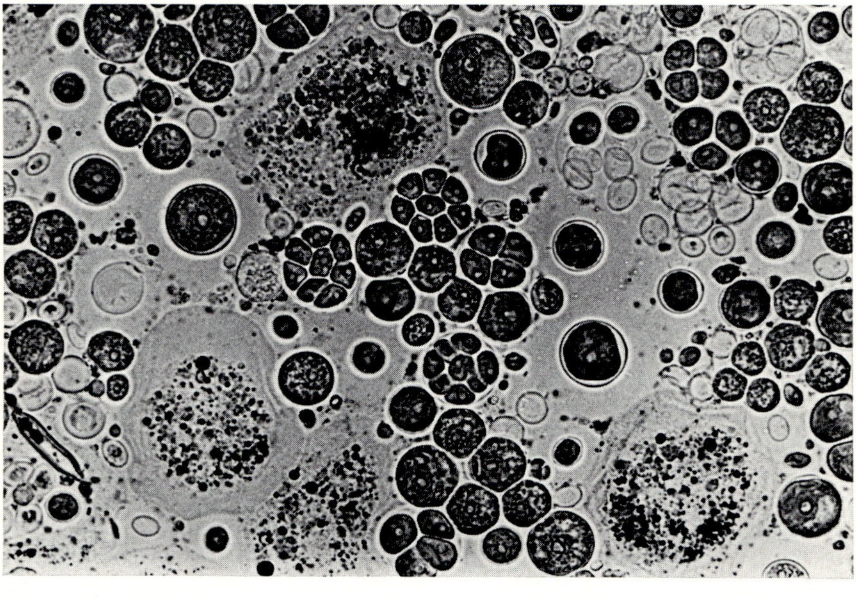

Bild 19. Kokkale Grünalgen

Die Bodenfauna

Neben den pflanzlichen Organismen beherbergt der Boden zahllose Tiere, angefangen von den primitivsten Einzellern bis hin zu den Säugetieren. Manche von ihnen halten sich im Boden nur vorübergehend auf, andere verbringen dort ihr ganzes Leben. In diesem Rahmen können nur die für die Bodenbildung und die Stoffumsetzungen im Boden wesentlichsten Tiere erwähnt werden. Die systematische Gliederung der einzelnen Gruppen ist recht umstritten und wird sehr verschieden vorgenommen. In der vereinfachten Übersicht auf S. 32 – 33 sind nur eigentliche Bodenbewohner enthalten. Ohne Rücksicht auf die systematische Gliederung sind die wichtigsten Tiergruppen durch Fettdruck hervorgehoben.

Protozoen (Einzeller)

Das Tierreich gliedert sich in die beiden Unterreiche Protozoa oder Einzeller und Metazoa oder Vielzeller. Von den fünf Klassen der Protozoen kommen nur Vertreter dreier Klassen im Boden vor. Zwar wurden Protozoen schon von ANTONIE VAN LEEUWENHOEK beobachtet, doch sind erst 1838 von EHRENBERG Ergebnisse eingehender Untersuchungen in dem Buch: „Die Infusorienthierchen als vollkommene Organismen" mitgeteilt worden. Im Verhältnis zu den Süß- und Meerwasserformen sind die Bodenprotozoen recht klein. Wie bei diesen handelt es sich um eigentliche Wassertiere, da ihre aktiven Stadien an das Vorhandensein von Wasser gebunden sind. Sie kommen allerdings mit den dünnen Wasserfilmen aus, die die Bodenkrümel überziehen. Häufige Bodenflagellaten, wie *Cercomonas* und *Oikomonas,* sind nur einige Mikron lang (Bild 20). Die Größe der Bodenamöben liegt meistens unter 50 μm (Bild 21). Verbreitete Bodenciliaten, wie *Colpoda* und *Enchelys,* sind etwas unter 10 μm groß (Bild 22). Zur Fortbewegung dienen den Rhizopoden Scheinfüße (Pseudopodien), die stets ihre Gestalt verändern, den Flagellaten lange Geißeln (Flagellum) und den Ciliaten kurze Wimpern (Cilia). Ebenso mannigfaltig ist die Ernährung der Protozoen. Unter den Flagellaten, die, wie erwähnt, einen Übergang von den Algen zu den Rhizopoden bilden, sind manche durch den Gehalt an Chloroplasten zur Photo-

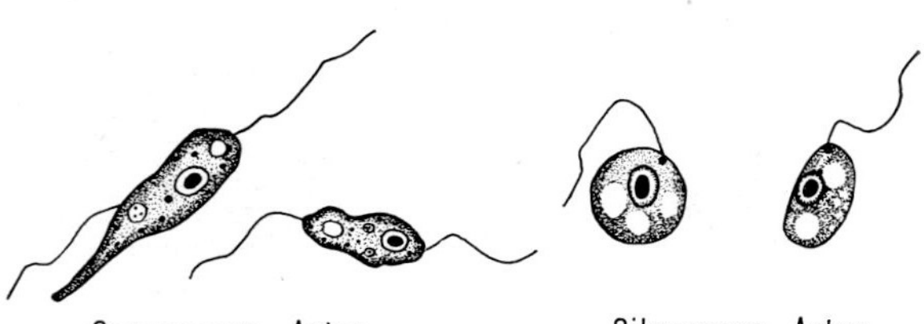

Bild 20. Häufige Bodenflagellaten

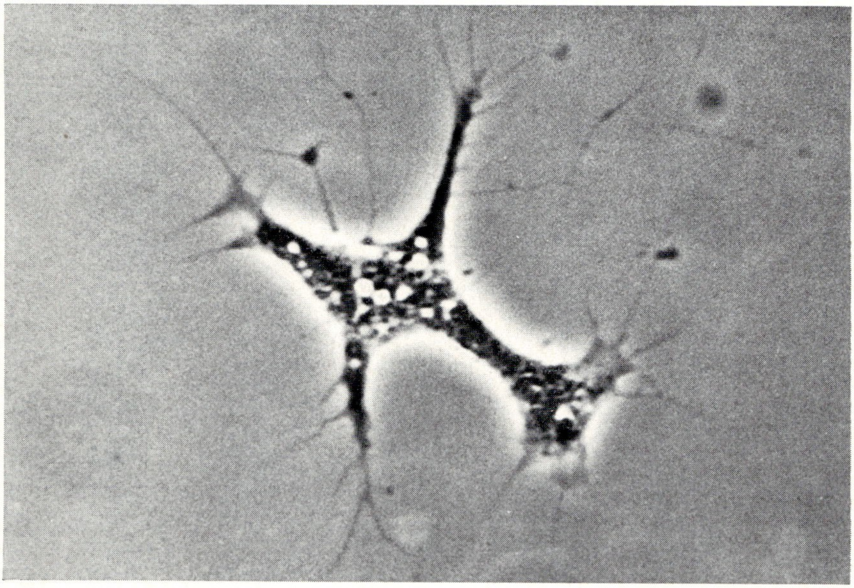

Bild 21. Nacktamöbe *(Biomyxa)*

synthese befähigt, andere nehmen organische Nahrung auf, und wieder andere fressen Nahrungspartikel, deren Verdauung in Nahrungsvakuolen erfolgt.

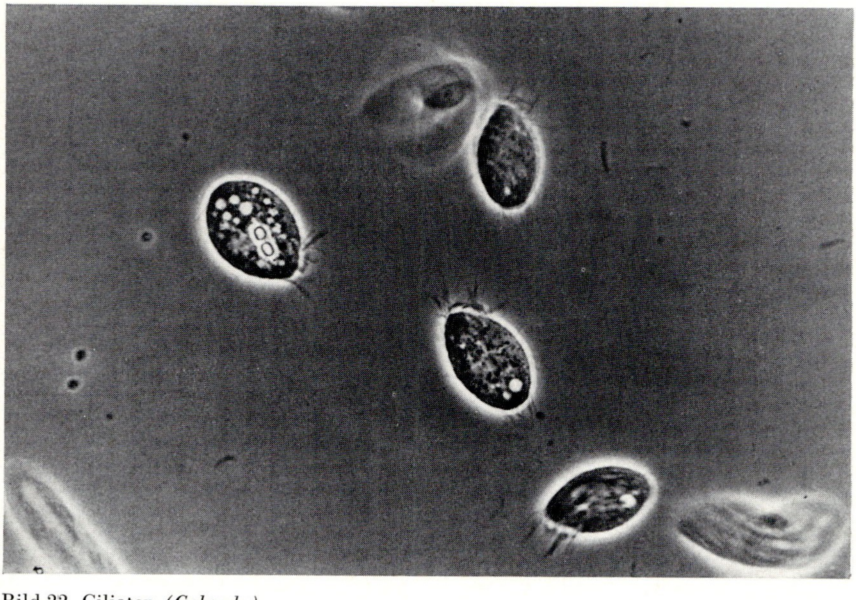

Bild 22. Ciliaten *(Colpoda)*

Systematische Übersicht der Bodenfauna

Unterreich	Stamm	Klasse	Unterklasse	Ordnung
Protozoa (Einzeller)		Flagellata (Geißeltierchen)		
		Rhizopoda (Wurzelfüßer)		
		Ciliata (Wimpertierchen)		
Metazoa (Vielzeller)	Plathelminthes (Plattwürmer)	Turbellaria (Strudelwürmer)		
	Nemathelminthes (Schlauchwürmer)	Rotatoria (Rädertierchen)		
		Nematodes (Fadenwürmer)		
	Mollusca (Weichtiere)	Gastropoda (Schnecken)		
	Annelida (Ringelwürmer)	Clitellata (Gürtelwürmer)		Oligocheata (Wenigborster)
				Enchytraeidae (Enchyträen)
				Lumbricidae (Regenwürmer)
	Tardigrada (Bärtierchen)			
	Arthropoda (Gliederfüßer)	Arachnida (Spinnentiere)		Scorpiones (Skorpione)
				Araneae (Spinnen)
				Opiliones (Weberknechte)
				Acari (Milben)
		Crustacea (Krebse)		Isopoda (Asseln)
		Myriapoda (Tausendfüßer)	Chilopoda (Hundertfüßer)	
			Diplopoda (Doppelfüßer)	
		Hexapoda (Insekten)	Apterygota (Urinsekten)	Collembola (Springschwänze)
			Pterygota (Fluginsekten)	Grillen, Ohrwürmer, Termiten, Ameisen, Käfer, Schmetterlinge, Zweiflügler

Systematische Übersicht der Bodenfauna

Unterreich	Stamm	Klasse	Unterklasse	Ordnung
	Chordata (Rückensaitentiere) Unterstamm: Vertebrata (Wirbeltiere)	Amphibia (Lurche) Blindwühlen		
		Reptilia (Kriechtiere) Wühlechsen, Wühlschlangen		
		Mammalia (Säugetiere) Maulwurf, Spitzmäuse, Wühlmäuse, Hamster, Kaninchen, Wildschwein		

Es gibt sogar Flagellaten, die sich aller drei Ernährungsarten bedienen. Bei den Ciliaten, die eine feste Plasmahaut besitzen, findet sich schon eine Einstülpung zur Nahrungsaufnahme – der Zellmund. Die Rhizopoden dagegen nehmen feste Nahrung durch Umfließen mit ihren Scheinfüßchen auf. Bis heute ist noch nicht entschieden, ob die Bodenprotozoen sich von den vorwiegend nützlichen Bodenbakterien ernähren und damit deren Zahl verringern, oder ob ihre Nahrung hauptsächlich aus sonstigen organischen Stoffen besteht. Wie dem auch sei, nachgewiesen ist, daß die Mehrzahl der Bodenprotozoen Bakterien und in geringerem Maße auch Hefen, Algen, Pilzsporen und Pilzhyphen verzehrt.

Ungünstige Lebensbedingungen, vor allem Trockenheit, überbrücken die Protozoen als Dauerform (Cysten). Bei der Encystierung, dem Übergang in das Cystenstadium, schrumpft das Plasma ein, verschiedene Organellen bilden sich zurück, und der Organismus umgibt sich mit einer schützenden derben Kapsel. In diesem Zustand sind die Protozoen über Jahrzehnte lebensfähig.

Die Vermehrung erfolgt gewöhnlich durch einfache ungeschlechtliche Zellteilung. Daneben gibt es aber auch verschiedene Formen der geschlechtlichen Fortpflanzung durch vollständige Verschmelzung (Kopulation) zweier Zellen.

Flagellaten. Sie sind die im Boden häufigsten tierischen Einzeller. In 1 g Boden kommen 1 000 – 100 000 Individuen vor, wobei ein hoher Prozentsatz aus inaktiven Cysten bestehen kann. Sie leben nur bis zu 15 cm tief im

Boden und bewegen sich mit einer oder mehreren am Vorderende sitzenden Geißeln im Bodenwasser vorwärts. Einige Flagellaten können die Geißeln abwerfen und sich dann wie Amöben kriechend fortbewegen.

Rhizopoden. Im Boden kommen die Amöben und die Sonnentierchen vor. Man unterscheidet Nacktamöben (Amoebina) und Schalamöben (Testacea, Thecamoebina). Bei letzteren werden Schalen oder Gehäuse gebildet, die aus Chitin oder Schleimsubstanzen bestehen. Durch eine oder mehrere Öffnungen werden die zur Nahrungsaufnahme und Fortbewegung dienenden Scheinfüßchen herausgestreckt. Zu den Nacktamöben gehört das bekannte Wechseltierchen *Amoeba proteus.* Die Sonnentierchen haben eine kugelige Gestalt und radial angeordnete strahlenartige Scheinfüßchen. Im allgemeinen sind die Rhizopoden im Boden weniger zahlreich als die Flagellaten, aber häufiger anzutreffen als die Ciliaten.

Ciliaten. Den höchstentwickelten Protozoen, den Ciliaten, dienen die Wimpern, die zu mehreren tausend die Körperoberfläche bedecken, sowohl zur Fortbewegung als auch zum Heranstrudeln der Nahrung. In Acker- und Grünlandböden sind gewöhnlich weniger als 1000, in Waldböden mehr als 1000 Individuen je 1 g Boden zu finden.

Metazoen (Vielzeller)

Von den höheren Tieren kommen unzählige Arten im Boden vor. Ihr Anteil an den Stoffumsetzungen ist unterschiedlich. Am arten- und individuenreichsten ist die Meso- und Makrofauna der Wälder, dann folgen die der natürlichen Steppen, des Grünlands und an letzter Stelle die des Ackerlands. Die gleiche Reihenfolge gilt für den Anteil der Vielzeller an den biotischen Prozessen in den verschiedenen Biotopen.

Die niederen Würmer sind im Boden durch Strudelwürmer, Rädertierchen und Fadenwürmer vertreten. Sie schlängeln sich durch vorhandene Gänge und Hohlräume, da sie aktive Wühlarbeit nicht ausüben können. Bei ungünstigen Lebensbedingungen kapseln sich die niederen Würmer ein. Ihre Dauerformen sind gegen Trockenheit sowie tiefe und hohe Temperaturen äußerst widerstandsfähig.

Nematoden. Die Fadenwürmer (Nematoden) sind nach den Protozoen die weitaus häufigsten Bodentiere. Wie die übrigen niederen Würmer entfalten sie aktives Leben nur bei genügender Feuchtigkeit. Die den Boden bewohnenden Nematoden sind wesentlich kleiner (0,4 – 2 mm) als die Süßwasserformen und treten vor allem in der durchwurzelten Zone des Bodens auf (Bild 23). In Grünlandböden sind 20 Millionen, in einem Eichenwald 30 Millionen Individuen je m^2 gefunden worden. Die Nematoden lassen sich hinsichtlich der Nahrungsgewohnheiten in verschiedene Gruppen einteilen:

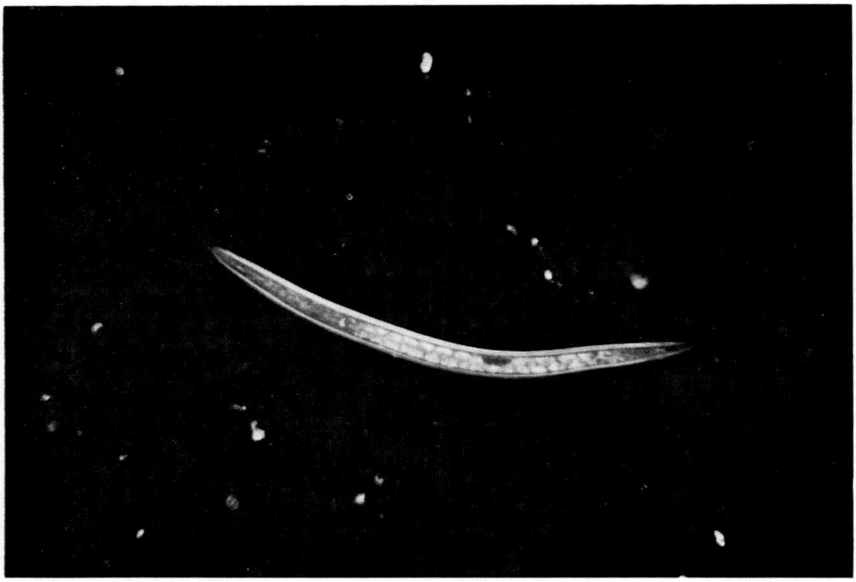

Bild 23. Nematode

1. Arten, die Pflanzensäfte und den Inhalt von Pilzhyphen aufsaugen, nachdem sie die Zellen angestochen haben.
2. Arten, die sich vorwiegend von großen Bakterien und kleinen Algen ernähren; sie bilden die Mehrzahl der freilebenden Nematoden.
3. Arten, die räuberisch leben und Protozoen, Rädertierchen sowie andere Nematoden verzehren.

Zur ersten Gruppe gehören gefährliche Pflanzenparasiten, so *Heterodera schachtii* – der Rübennematode, der die als Rübenmüdigkeit bekannte Krankheit verursacht. Die meisten sich von Pflanzensäften ernährenden Nematoden sind aber nur Semiparasiten, die keinen merklichen Schaden anrichten. Über die bodenbiologische Bedeutung der nicht pflanzenparasitären Nematoden liegen bislang nur Vermutungen vor. Doch kann schon allein aufgrund ihrer großen Zahl angenommen werden, daß sie am Abbau von Wurzeln und Mikroorganismen beteiligt sind und damit den Stoffumsatz im Boden beschleunigen. Ihre Nahrung besteht aus dem Protoplasma der angegriffenen Organismen, während sie am Abbau der schwer zersetzlichen Zellwände nicht beteiligt sind. Ungewiß ist es noch, ob sie einen Einfluß auf die Zusammensetzung der Mikrobenpopulation haben.

Schnecken. Von den Mollusken sind lediglich die Schnecken (Gastropoda) von bodenbiologischem Interesse. Einige Arten sind Pflanzenfresser und können Gemüse und landwirtschaftliche Nutzpflanzen schädigen, andere sind

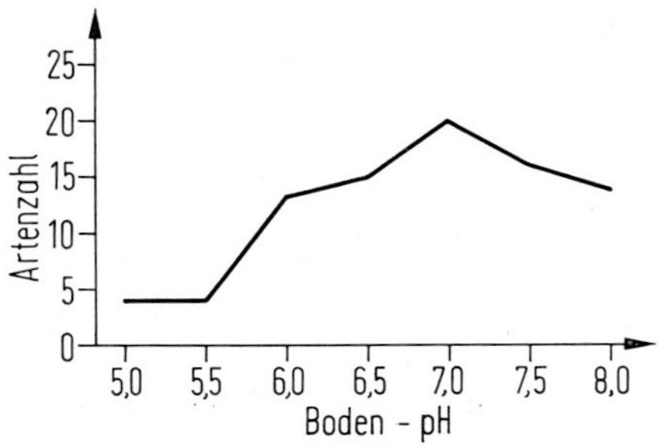

Bild 24. (oben) Schnecke *(Succinia putris)*

Bild 25. (links) Zahl der Schneckenarten in Abhängigkeit vom pH-Wert des Bodens (ATKINS u. LEBOUR, nach NEWELL)

Bild 26. (unten) Enchyträe

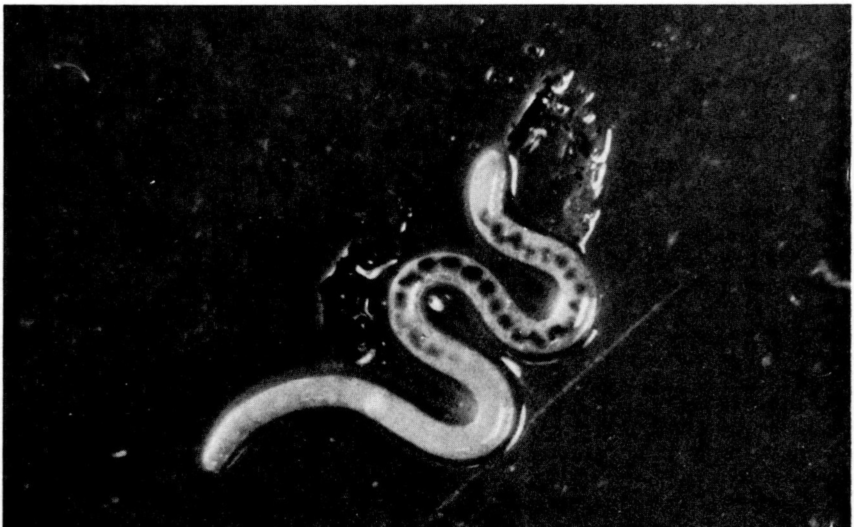

am Abbau des Fallaubes beteiligt (Bild 24). Letztere kommen in der Laubstreu der Wälder und in den obersten Bodenschichten vor, dort aber nur, wenn größere Hohlräume, wie Regenwurmgänge, vorhanden sind. In kalkhaltigen Böden sind die Landschnecken arten- und individuenreicher als in sauren Böden. Das zeigt Bild 25 sehr eindrucksvoll. Die Schnecken treten zahlenmäßig jedoch hinter manchen anderen Tiergruppen zurück. An der Bodenbildung aus nacktem Gestein können Schnecken insofern beteiligt sein, als sie Algen und Flechten der Felswände abweiden. Bei Trockenheit ziehen sich die Schnecken in die Felsspalten zurück und legen dort ihre Losung ab. Der Nährstoffgehalt der Losung ermöglicht später das Wachstum von Moosen und anderen anspruchslosen Pflanzen.

Aus dem Stamm der Ringelwürmer (Annelida), Ordnung Wenigborster (Oligochaeten), sind zwei Familien von bodenbiologischem Interesse, die Enchyträen und insbesondere die Regenwürmer.

Enchyträen. Bei den Enchyträen handelt es sich um 2 bis 35 mm lange, meist weißliche Würmer, die in der Laubstreu und in der obersten Schicht des Bodens leben (Bild 26). Da sie sich nur in beschränktem Maße durch den Boden graben können, kommen sie in lockeren Böden stärker als in dichtgelagerten vor. Hierauf ist es u. a. zurückzuführen, daß ihre Zahl vom engporigen Lehmboden, wo etwa 30 Individuen je m^2 vorkommen, über lehmigen Sandboden, Sandboden, zu reinem Humusboden bis auf etwa 150 000/m^2 ansteigt. Gegen Austrocknung des Bodens und Frost sind die Enchyträen sehr empfindlich. Widerstandsfähig gegen Trockenheit und Kälte sind nur ihre Eikokons. In gleichmäßig feuchten Böden ist die Populationsdichte im Sommer am größten, im späten Winter am kleinsten. Die Enchyträen ernähren sich von den aus Bakterien und Protozoen gebildeten Schleimüberzügen älterer Blätter, außerdem von Staub, Pollen und Kotresten anderer Bodentiere. Stark verrottete Blätter und Coniferennadeln werden von ihnen skelettiert. Ob die Enchyträen aber wesentlich an der mechanischen Zerkleinerung und dem chemischen Abbau des Bestandsabfalls beteiligt sind, wird verschiedentlich angezweifelt. Nützlich können sie sich durch den Verzehr von pflanzenparasitären Nematoden erweisen. So wurden in einem Versuch Erdbeerpflanzen, die von Nematoden befallen waren, durch die Zugabe von Enchyträen von den Schädlingen befreit.

Regenwürmer. Die Regenwürmer (Lumbricidae, Bild 27) haben im Gegensatz zu vielen anderen Bodentieren auch für landwirtschaftlich genutzte Böden eine große Bedeutung. Regenwürmer sind wie die Enchyträen zwittrige Tiere. Einige Zeit nach der Paarung werden in den obersten Bodenschichten Kokons abgelegt, die je ein Ei beherbergen. Die jungen Würmer wachsen zunächst im Schutze des Eikokons heran. Regenwürmer sind nicht, wie die meisten anderen Bodenbewohner, auf schon vorhandene Hohlräume ange-

Bild 27. Zu den Regenwürmern gehörender Mistwurm (ZEIDLER)

wiesen, sondern bohren sich aktiv durch den Boden, indem sie sich teils durch ihn hindurchfressen, teils ihn aber auch zur Seite drücken und dabei Röhren hinterlassen. Die Wände der Regenwurmhöhlen sind durch Schleimabsonderungen verfestigt und deshalb sehr haltbar. Außerdem sind die verfestigten Wände reicher an Stickstoff, Phosphor, Kalium und Calcium. Davon profitieren die Pflanzenwurzeln, die in den verlassenen Regenwurmröhren leicht in größere Tiefen vordringen.

Zusammensetzung und Besiedlungsdichte der Regenwurmfauna hängen von den auf oder im Boden vorhandenen organischen Stoffen, von der Feuchtigkeit und von anderen Bodenverhältnissen ab. Saure Böden und Rohhumus werden von Regenwürmern nicht besiedelt. Dort aber, wo sie günstige Bedingungen vorfinden, übertrifft ihre Biomasse die aller übrigen Wirbellosen. In Wald- und Grünlandböden beträgt ihr Gewicht 100 bis 250 g/m^2. Auf dem Ackerland ist es geringer, kann aber bei organischer Düngung ebenfalls 100 g/m^2 erreichen. Die einzelnen Regenwurmarten bewohnen verschiedene Biotope. So leben *Dendrobaena octaedra* und *Bimastus eiseni* nur in dem oberen organischen Bodenhorizont. Andere dagegen, wie *Octolasium cyaneum* und *Allolobophora caliginosa* bevorzugen mineralische Böden. Dung- und Komposthaufen werden von dem Mistwurm *Eisenia foetida* besiedelt. Der weitverbreitete *Lumbricus terrestris* wiederum kommt nachts regelmäßig an die Bodenoberfläche, zieht Pflanzenreste, wie Blätter und dergleichen, in seine Röhren hinein und verzehrt sie dort. Diese Art dringt auch tiefer, bis zu 7 m, in tiefgründige Lößböden ein. Starke Regengüsse vertreiben die Regenwürmer zu Tausenden aus ihren Röhren. Wahrscheinlich ist darauf ihr deutscher Name zurückzuführen. Die Aktivität der Lumbriciden wird durch jahreszeitliche Temperatur- und Feuchtigkeitsschwankungen stark beeinflußt. Eine Temperatur von $12-16^\circ$ im Oberboden gilt für *Lumbricus terrestris* als optimal, schon 28° wirken tödlich. Im Frühjahr und Herbst herrschen für die Regenwürmer die günstigsten Lebensbedingungen. Im Sommer und Winter ziehen sie sich oftmals in größere Tiefen zurück und ruhen dann zusammengerollt in einer kleinen, mit Schleim ausgekleideten Höhle. Die Aktivität der Regenwürmer spiegelt sich deutlich in den jahreszeitlichen Schwankungen der Exkrementproduktion wider (Bild 28). Der Tätigkeit der Regenwürmer, die sich in vielfacher Hinsicht günstig auf den Boden auswirkt, werden wir noch wiederholt begegnen.

Tardigraden. Weit geringer ist die bodenbiologische Bedeutung der Tardigraden (Bärtierchen). Sie sind den Gliederfüßern verwandt und werden ihnen häufig untergeordnet. Die in ihrer Gestalt an kleine Bären erinnernden Tiere sind bis zu 1 mm groß. Die Bärtierchen leben in den Polstern von Moosen und Flechten. In Wiesenböden kommen sie in den obersten 5 Zentimetern vor. Dort werden bis zu 300 000 Individuen/m² gezählt. Sie ernähren sich von pflanzlichen Resten, kleineren Tieren und saugen Pflanzenzellen aus, die sie vorher angebohrt haben. Bei Trockenheit schrumpfen sie zu widerstandsfähigen Cysten zusammen.

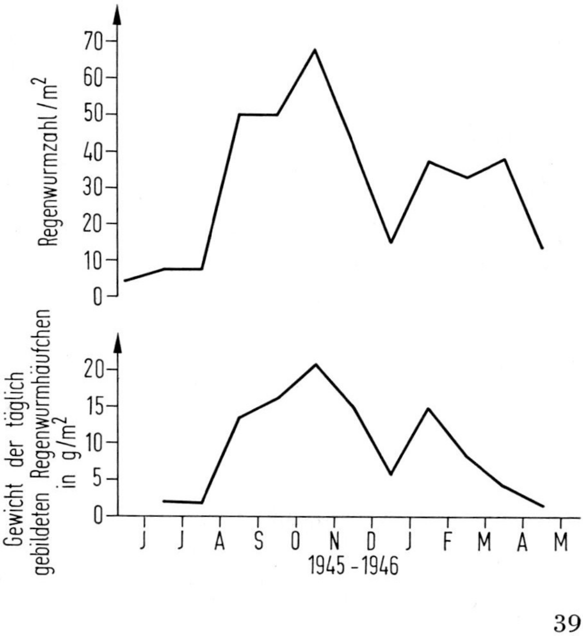

Bild 28. Zahl der Regenwürmer und Exkrementproduktion in einem Feld in Rothamsted (England) in Abhängigkeit von der Jahreszeit (EVANS u. GUILD, nach SATCHELL)

Arthropoden. Die Gliederfüßer sind mit über 800 000 bekannten Arten die formenreichste Gruppe des Tierreiches. Obwohl der Boden gewöhnlich eine mannigfaltige Arthropodenfauna beherbergt, sind doch viele nur in so geringer Zahl vorhanden, daß sie keinen größeren Einfluß auf den Boden ausüben. Die Gliederfüßer unterscheiden sich von den Ringelwürmern u. a. dadurch, daß sie an mehreren ihrer fast immer ungleichen Körpersegmente gegliederte Extremitäten aufweisen. Der Körper wird wie ein Panzer von einer starren Kutikula umgeben, die stets aus Chitin mit verschiedenen Einlagerungen besteht. Diese Anordnung macht beim Wachstum eine Häutung erforderlich.

Spinnentiere. Bei den Spinnentieren bilden Kopf- und Brustsegmente ein einheitliches Kopfbruststück, den sog. Cephalothorax. Sie stellen den Hauptteil der räuberischen Bodentiere. Die lebendgebärenden Skorpione sind vor allem in den trockenen Gebieten der Tropen und Subtropen verbreitet. Sie besitzen am Hinterende einen Giftstachel und leben räuberisch von anderen Bodentieren. Die Echten Spinnen oder Webspinnen besitzen am Hinterleib Spinnwarzen, aus denen sie feine, seidenähnliche Fäden absondern. Ein Teil von ihnen gräbt Gänge in den Boden. In der Laubstreu und im Boden kommen schließlich auch kleinere Formen der Weberknechte vor, die sich von den Spinnen dadurch unterscheiden, daß ihr Hinterleib mit dem

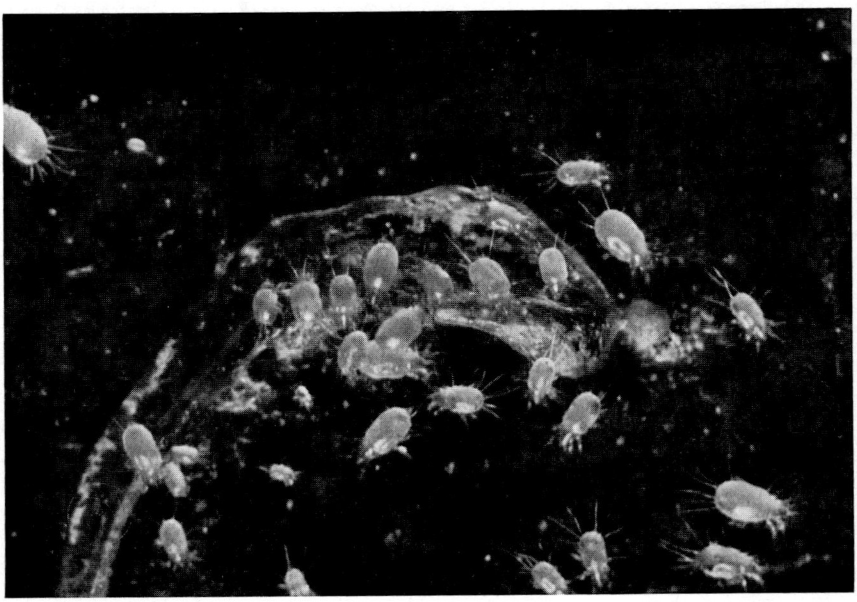

Bild 29. Raubmilben an einer toten Enchyträe fressend (TRAPPMANN)

Bild 30. Milben aus der Laubstreu eines Buchenwaldes

Cephalothorax verwachsen ist. Wie die Vertreter der vorherigen Ordnungen ernähren sie sich ebenfalls von Kleintieren.

Milben. Die arten- und individuenreichste Ordnung der im Boden vorkommenden Gliederfüßer sind die Milben (Acari). Die Artenzusammensetzung der Milbenfauna ändert sich in vertikaler Richtung. Die Hauptmenge der Bodenmilben ist jedoch hemiedaphisch, das heißt sie leben in der Streulage und der bei manchen Bodenbildungen auftretenden Rohhumusschicht. Diese Formen werden bis zu mehreren Millimetern groß. Dagegen messen die euedaphischen, in dem darunter liegenden Mineralboden lebenden Milben, entsprechend den kleineren Hohlräumen, nur 0,2 – 0,5 mm. Bei der Angabe von Besiedlungsdichten ist zu berücksichtigen, daß die Milben im Boden nicht gleichmäßig verteilt, sondern nesterweise auftreten. Am zahlreichsten sind sie in feuchten Waldböden mit 100 000 bis 400 000 Individuen je m^2; in Grünlandböden kommen 50 000 bis 150 000 je m^2 vor; in Ackerböden liegt ihre Anzahl noch niedriger.

Beträchtliche Unterschiede bestehen hinsichtlich der Ernährungsweise. Die Gamasiden oder Raubmilben (Bild 29) verzehren allerlei Kleintiere, wie Nematoden, Collembolen und andere Milben. Die Bedeutung der Raubmilben wird darin gesehen, daß sie den Abbauprozeß dieser sonst absterbenden und dann schnell mineralisierten Bodentiere verlangsamen. Neben den Raubmilben und einigen anderen, noch ökologisch wenig untersuchten Gruppen sind es vor allem die Hornmilben oder Oribatiden (Bild 30), die in vielen Böden in außerordentlich großer Zahl vorkommen. Sie bilden hier etwa 75% der gesamten Milbenfauna. Die 0,2 – 1 mm großen Oribatiden besie-

Bild 31. Asseln unter der Rinde eines vermorschten Baumstumpfes

deln besonders die unteren Streulagen feuchter Nadelwälder sowie die Böden von feuchten Laubwäldern und Wiesen. Im Unterschied zu den noch zu besprechenden Collembolen sind sie auf sauren Standorten mit Rohhumusbildung häufiger als auf neutralen, die zur Mullbildung neigen (vgl. S. 66). In Ackerböden sind Humus- und Wassergehalt für die Entfaltung der Oribatidenfauna maßgebend. Die größte Populationsdichte besteht während der Herbst- und Wintermonate. Im Jahr treten bis zu drei Generationen auf. Die Hornmilben ernähren sich hauptsächlich von Mikroorganismen und solchen Pflanzenresten, die durch Mikroben schon angegriffen sind. Wegen der großen Individuenzahl und Biomasse ist der Stoffumsatz beträchtlich. Ein großer Teil der Nahrung, vor allem die schwerer zersetzlichen Stoffe, passiert den Darm aber ohne große chemische Veränderung. Aus diesem Grunde ist die Bedeutung der Hornmilben für den Abbau organischen Materials weniger in ihrer chemischen Abbauleistung als vielmehr in der mechanischen Zerkleinerung zu sehen. Hierbei wird die Oberfläche der Teilchen vergrößert, so daß ein intensiverer Angriff der Mikroorganismen erfolgen kann. Außerdem wird die in Form der Kotballen ausgeschiedene organische Substanz zum Teil in die Tiefe transportiert und so mit dem Boden vermischt.

Asseln. Unter den gemeinhin als Wassertiere bekannten Krebsen haben sich lediglich einige Asseln dem Landleben angepaßt (Bild 31). Doch auch diese Landasseln bevorzugen noch eine feuchte Umgebung. Wohl am dichtesten besiedelt sind Auwälder, in denen der Boden aber Calcium enthalten muß, das für den Aufbau der Kalkinkrustationen ihrer Haut erforderlich ist. In solchen Biotopen soll etwa ein Sechstel der jährlich anfallenden Streumenge von Asseln verarbeitet werden.

Tausendfüßer. Bei den Tausendfüßern (Myriapoden) sind besonders zwei Gruppen zu erwähnen. Die räuberischen Hundertfüßer (Chilopoden) ernähren sich von Insekten, Enchyträen und Regenwürmern (Bild 32). Ihr in Segmente gegliederter Körper hat an jedem Segment, außer dem ersten und den drei letzten, je ein Beinpaar. Die Zahl der Segmente schwankt je nach Art zwischen 19 und 181. Das Vorkommen der Hundertfüßer und der ihnen verwandten Doppelfüßer hängt von genügender Feuchtigkeit des Bodens ab. Doch werden zeitweilig überschwemmte Böden gemieden.

Die bedeutenderen und zahlreicheren Doppelfüßer (Diplopoden) leben hauptsächlich von Fallaub, das in Zersetzung übergeht (Bild 33). In manchen Waldböden kann ihre Mitwirkung an der Mullbildung recht beträchtlich sein. Bei den Doppelfüßern tragen fast alle Segmente zwei Beinpaare, je nach Art insgesamt 13 bis etwa 250.

Insekten. Schließlich finden sich bei den Insekten, der artenreichsten Klasse des Tierreiches überhaupt, eine Reihe bodenbiologisch interessanter Formen. Es werden die primär flügellosen Urinsekten (Apterygota), zu denen die Collembolen gehören, von den flügeltragenden oder sekundär flügellosen Pterygota unterschieden.

Bild 32. Junger Hundertfüßer (Chilopode)

Collembolen. Die Collembolen oder Springschwänze zählen wegen ihrer hohen Individuenzahl im Boden und der weiten geographischen Verbreitung zu den wichtigsten Bodentieren (Bild 34). Den Namen verdanken sie einer am Abdominalsegment vorhandenen Sprunggabel. Unter den Luftatmern stehen die Springschwänze zahlenmäßig meist an zweiter Stelle hinter den Milben. Die an der Oberfläche und in der Laubstreu vorkommenden Formen werden 6 – 7 mm lang und sind beweglicher als die echten Bodenbewohner, die kaum mehr als 3 mm messen. In Abhängigkeit vom Klima erscheinen maximal bis zu 12 Generationen im Jahr. Charakteristisch ist für die Collembolen, wie für viele andere Bodentiere, daß sie nicht gleichmäßig verteilt, sondern nesterweise gehäuft auftreten. Am stärksten ist die obere porenreiche Bodenzone besiedelt, insbesondere die Vermoderungsschicht von Waldböden. Außer zusagender Nahrung ist eine annähernd hundertprozentige Feuchtigkeit für das Vorkommen wichtig. Gegen niedrige Temperaturen sind Collembolen wenig empfindlich, denn sie entfalten noch bei wenigen Graden über dem Gefrierpunkt volle Lebenstätigkeit. Aus diesem Grunde sind sie auch für subarktische Böden von großer Bedeutung. In Wald- und Grünlandböden sind im Durchschnitt etwa 40 000 Individuen/m^2 vorhanden, die aber nur eine Biomasse von rd. 300 mg darstellen. Zuweilen ist allerdings auch die zehnfache Menge an Collembolen gefunden worden. Die Arten- und Individuenzahl ist in Waldbiotopen gewöhnlich am größten. Ackerböden sind am geringsten besiedelt. Als Nahrung dienen in Zersetzung begriffene Pflanzenreste, Mikroorganismen, Tierleichen und bei einigen

Bild 33. Doppelfüßer (Diplopode)

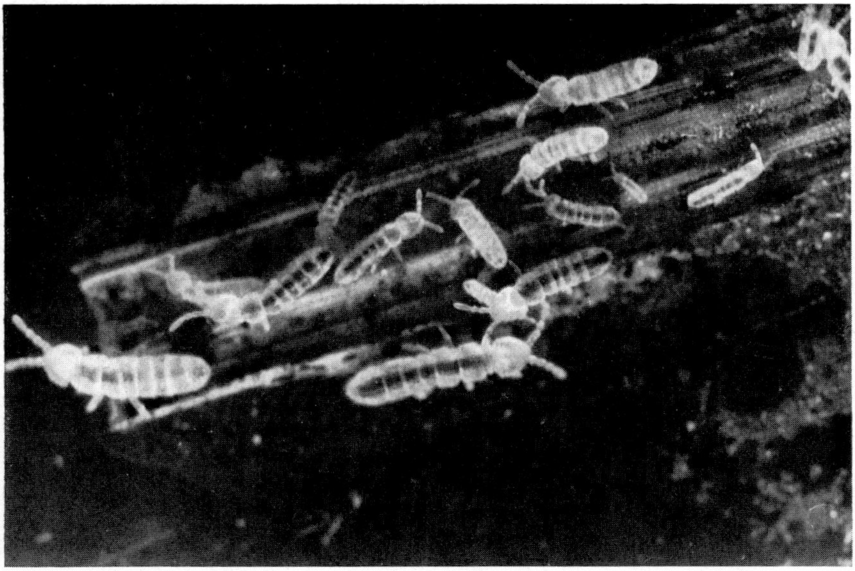

Bild 34. Collembolen (Springschwänze) an einem verrotteten Strohhalm (GRAFF)

Arten anscheinend auch unzersetztes Holz. Blätter mit einem bestimmten Rottegrad werden regelrecht skelettiert. Wie bei vielen anderen Bodentieren liegt die Bedeutung der Collembolen wohl in erster Linie in der mechanischen Zerkleinerung des Bestandsabfalls. In Torfböden spielen sie durch das Fehlen von Regenwürmern und Tausendfüßern eine besonders wichtige Rolle.

In der umfangreichsten Gruppe der Insekten, den Pterygota, sind viele Arten anzutreffen, die wenigstens ein Entwicklungsstadium im Boden verbringen. Erwachsene geflügelte Tiere sind aber zumeist bodenunabhängig.

Grillen und Ohrwürmer graben Röhren in den Boden. Sie sind Allesfresser, die interessante Maulwurfsgrille aber ernährt sich, ähnlich dem Maulwurf, von anderen Insekten und Regenwürmern.

Termiten. In den Tropen und Subtropen sind die staatenbildenden Termiten wichtige Bodentiere. Termiten legen bis zu 1,5 m hohe Erdhaufen oder Nester in meist totem Holz an. Sie fressen sich wie die Regenwürmer durch den Boden. Dabei werden die steinharten Lateritschichten durchbrochen und der tonreiche Unterboden zum Bau der Termitenhügel nach oben gebracht. Ihre Gänge reichen bis 12 m tief. Die umgelagerte Bodenmenge kann über 1 t/ha jährlich betragen. Die Termiten ernähren sich von allerlei Pflanzenresten, u. a. von Holz, dessen Cellulose mit Hilfe von darmbewohnenden Flagellaten aufgeschlossen wird.

Ameisen. Die mit den Termiten nicht verwandten, ebenfalls staatenbildenden Ameisen entfalten besonders in Misch- und Nadelwäldern ihre Tätigkeit. Die rote Waldameise legt große überirdische Nester an, deren Bewohnerzahl zwischen 100 000 und 500 000 beträgt. Sie ernähren sich vorwiegend von Insekten und können sich durch den Verzehr von Forstschädlingen sehr nützlich erweisen. Ameisenarten, die unterirdische Gänge und Bauten anlegen, tragen wesentlich zur Umlagerung und Lockerung des Bodens bei.

Käfer. In der großen Ordnung der Käfer (Coleoptera) findet sich eine ganze Reihe von Arten, die entweder nur als Larven oder auch als fertige Tiere (Imagines) im Boden vorkommen. Die meisten sind Räuber, andere ernähren sich von morschem Holz, Kot, Aas und faulenden Pflanzenstoffen. Die Engerlinge, Larven der Maikäfer, leben 2 – 4 Jahre im Boden. Zunächst ernähren sie sich vorwiegend von abgestorbenen Pflanzenteilen, doch später hauptsächlich von lebenden Wurzeln. Sie richten dann, ebenso wie die Drahtwürmer, die Larven der Schnellkäfer, durch Wurzelfraß beträchtlichen Schaden an (Bild 35).

Von vielen Schmetterlingen und Zweiflüglern (Mücken und Fliegen) leben die Larven ebenfalls im Boden (Bild 36).

Wirbeltiere. Die bodenbiologische Bedeutung der Wirbeltiere ist leicht zu überschauen. In tropischen Gebieten kommen im Boden gewisse Amphibien, die Blindwühlen, vor. Sie ernähren sich von Insekten und Regenwürmern.

Bild 35. Drahtwürmer und Engerlinge, gefürchtete Feinde vieler Kulturpflanzen (BASF)

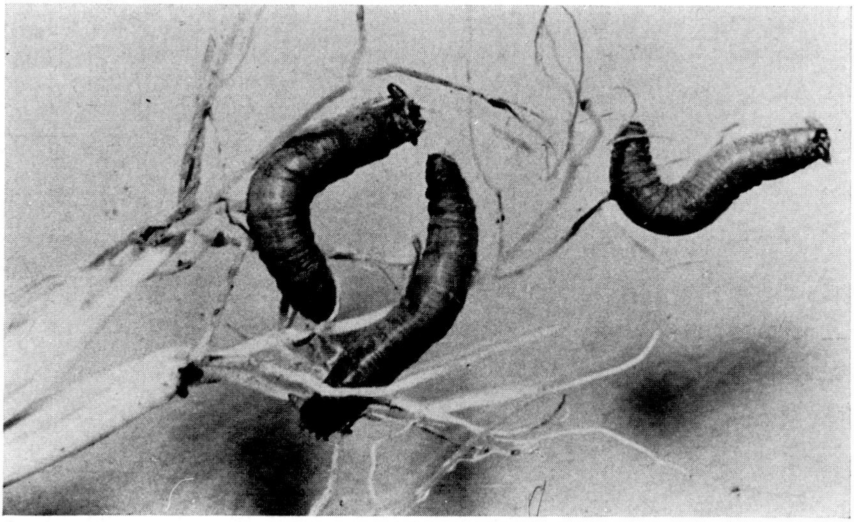

Bild 36. Tipulidenlarven (Larven der Schnaken), wichtige Streuzersetzer (BASF)

Auch Reptilien spielen als Wühlechsen und Wühlschlangen dort eine gewisse Rolle.

Als wichtigstes Säugetier des Bodens ist für mitteleuropäische Verhältnisse der Maulwurf zu nennen. Er ernährt sich von Regenwürmern und Insektenlarven. Weiterhin kommen Spitzmäuse, Wühlmäuse, Hamster und Kaninchen im Boden vor. Das Wildschwein schließlich durchwühlt den Boden bei der Nahrungssuche und trägt lokal zu einer oberflächlichen Durchmischung bei.

Einige Methoden zur Beobachtung, Zählung und Aktivitätsbestimmung der Bodenorganismen

3

Die außerordentliche Vielfalt des Edaphons macht es dem Bodenbiologen unmöglich, alle oder auch nur die wichtigsten Lebewesen eines Biotops mit einer einzigen Methode zu erfassen. Ein Hauptgrund dafür ist die unterschiedliche Lebensweise der Bodenorganismen, die für die meisten Organismengruppen besondere Untersuchungsmethoden erfordert. Am einfachsten ist noch die Beobachtung der zur Makrofauna gehörenden Bodentiere, die dem bloßen Auge sichtbar sind und deren Lebensraum die Bodenoberfläche und die obersten Bodenschichten sind. Die nützliche Tätigkeit dieser Tiere bei der Zersetzung des Bestandsabfalls läßt sich auch, besonders in Waldböden, anhand von Fraßspuren und hinterlassener Losung durch direkte Beobachtung im Gelände verfolgen (Bilder 37 und 51). Die Untersuchung der Mehrzahl der Bodenlebewesen ist aber wegen ihrer geringen Größe nur mit einem größeren apparativen Aufwand und deshalb lediglich anhand von Bodenproben im Laboratorium möglich. Zwischen der unmittelbaren Beobachtung am natürlichen Standort und den Labormethoden, bei denen der Boden zerkleinert wird, steht die mikroskopische Bodenuntersuchung, deren Ziel es ist, in unzerstörten Bodenproben die natürlichen Wuchsformen der Bodenorganismen zu studieren.

Die mikroskopische Beobachtung des Bodens

Ein eindrucksvolles Bild von der Besiedlung des Bodens mit Bakterien, Actinomyceten, Pilzen und Algen ver-

Bild 37. Fraßbilder verschiedener Bodentiere an Blattscheiben (EDWARDS u. HEATH)

mittelt die sogenannte Aufwuchsplattenmethode. Bei dieser Methode werden in der Mikroskopie übliche Objektträger in den Boden eingegraben und dort einige Zeit belassen. An der Glasoberfläche siedeln sich nun Mikroorganismen aus der näheren Umgebung an. Die wieder aus dem Boden entnommenen Objektträger werden an einer Seite gut gesäubert, so daß ihnen nur noch an der anderen zu untersuchenden Seite kleinere Bodenpartikel anhaften. Am deutlichsten sind die Mikroorganismen von den übrigen Bodenpartikeln zu unterscheiden, wenn die Untersuchung im Fluoreszenzmikroskop erfolgt. Als Lichtquelle wird hierbei ultraviolettes Licht verwendet. Die kurzwellige ultraviolette Strahlung induziert an gefärbten Partikeln eine als Fluoreszenz bezeichnete Aussendung von sichtbarem Licht. Rotfluoreszenz zeigt beispielsweise das Chlorophyll. Den Aufwuchsplatten anhaftende Algen erscheinen aufgrund ihres Chlorophyllgehaltes im Fluoreszenzmikroskop leuchtend rot. Die übrigen Mikroorganismen, die keine Eigenfluoreszenz besitzen, fluoreszieren erst, nachdem sie mit einem Fluoreszenzfarbstoff behandelt wurden. Zur Färbung der Bodenmikroorganismen hat sich das Acridinorange als sehr geeignet erwiesen. Der mit Mikroben bewachsene Objektträger wird einige Minuten in eine stark verdünnte Lösung dieses Farbstoffs gebracht, der überschüssige Farbstoff durch Eintauchen in Wasser entfernt und schließlich unter dem Fluoreszenzmikroskop bei ca. 500facher Vergrößerung durchmustert. Der Vorteil der fluoreszenzmikroskopischen Untersuchung besteht darin, daß sich die intensiv grün und gelegentlich auch rot leuchtenden Mikroorganismen deutlicher als bei anderen mikroskopischen Verfahren von den unbelebten Bodenteilchen abheben. Man erkennt einzelne Bakterien und kleinere Kolonien, sog. Zoogloeen, die den Bodenpartikeln aufsitzen. Auch die Besiedlung von Wurzelhaaren, die den ausgegrabenen Objektträgern anhaften, läßt sich fluoreszenzmikroskopisch gut erkennen. In Bild 38 sind zwei stark vergrößerte Wurzelhaare zu sehen, deren Verlauf durch die Richtung der Ansammlung von Mikroorganismen gekennzeichnet ist. Die Wurzelhaare werden von Actinomyceten-Hyphen netzartig umgeben. Außerdem sind Bakterienkolonien und eine Stäbchenkette zu erkennen. Mit Aufwuchsplatten lassen sich halb quantitative Vergleiche der Mikrobendichte in verschiedenen Böden anstellen.

Noch subtilere Einblicke in die natürliche Umgebung der Mikroorganismen

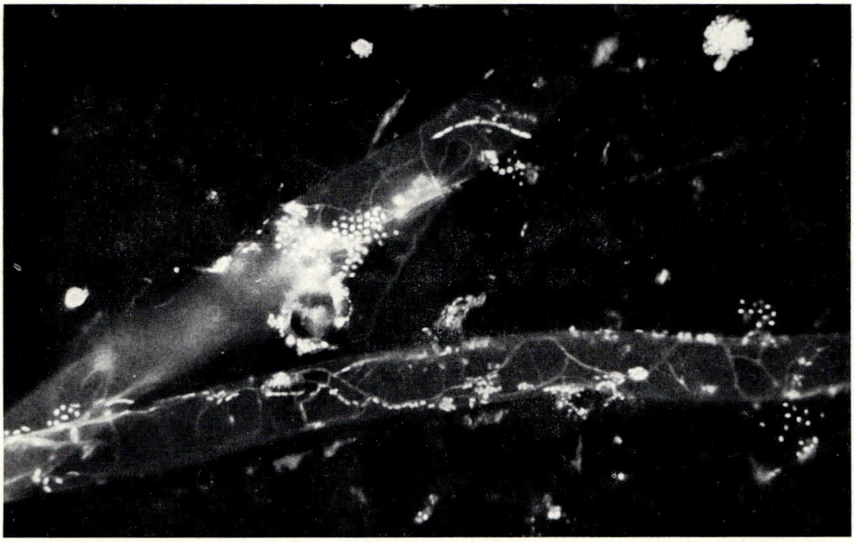

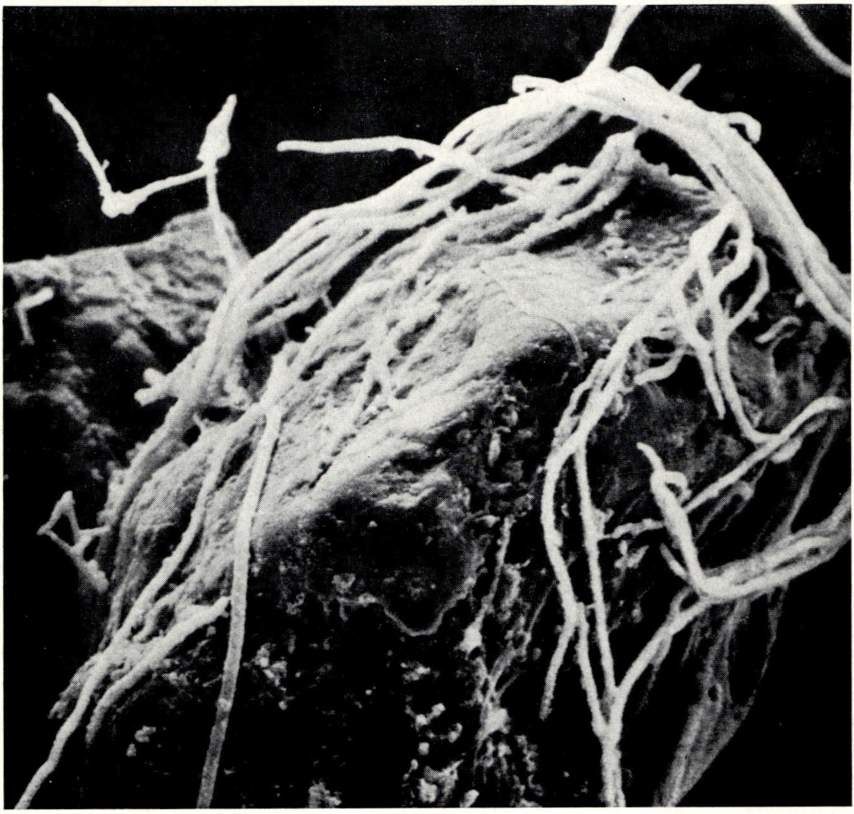

Bild 38. (links oben) Zwei Wurzelhaare mit Bakterien und Actinomyceten an einer Aufwuchsplatte

Bild 39. (links unten) Pilzhyphen umspinnen ein Sandkörnchen. Rasterelektronenmikroskopische Aufnahme von GRAY

gestattet das weit stärker auflösende Elektronenmikroskop, insbesondere das Raster-(Stereoscan-)Elektronenmikroskop. Die Elektronenmikroskopie liefert außerordentlich plastische Aufnahmen und zeigt den innigen Kontakt der Mikroorganismen mit den angrenzenden Bodenteilchen (Bild 39). Während die geschilderten Verfahren Eingriffe in das Bodengefüge erforderlich machen, ist mit Hilfe von Bodendünnschliffen auch eine Beobachtung von Mikroorganismen des ungestörten Bodens möglich. Zur Herstellung eines Bodendünnschliffs wird ein Bodenzylinder mit einem Bohrer entnommen und mit einem flüssigen Kunstharz, das später erhärtet, durchtränkt. Der erhaltene steinharte Block wird auf eine Stärke von wenigen Mikron dünngeschliffen. Diese Methode eignet sich besonders für saure Waldböden mit einem hohen Pilzanteil an der Gesamtmikrobenbesiedlung, da Pilzhyphen in den Dünnschliffen am besten zu erkennen sind.

Die Entnahme von Bodenproben

Die Zählung und Isolierung der im Boden vorkommenden pflanzlichen und tierischen Kleinlebewesen geht in der Regel von Bodenproben aus. Bodenorganismen sind im Boden meistens nicht gleichmäßig verteilt. Möchte man die durchschnittliche Besiedlung eines bestimmten Biotops erfahren, so müssen aus einer bestimmten Profilzone, über die zu untersuchende Fläche verteilt, mehrere Proben entnommen und zu einer Mischprobe vereint werden. Der Umfang der Einzelproben richtet sich nach der Größe der zu untersuchenden Organismen. Für Mikroorganismen, Protozoen und kleinere Vielzeller, wie Nematoden, braucht die Einzelprobe nur ein oder wenige Kubikzentimeter bzw. Gramm zu betragen. Für die Erfassung der zur Mesofauna gerechneten Arthropoden sind schon Proben von 50 cm^3 Volumen erforderlich. Als Bezugsbasis bei der Zählung größerer Tiere ist es zweckmäßig, eine bestimmte Flächeneinheit zugrunde zu legen, meistens $^1/_4$ oder $^1/_2$ m^2. Die zu untersuchende Bodentiefe richtet sich nach der Gliederung des Profils. Tiere, die in dieser Weise erfaßt werden, sind Schnecken, Enchyträen und Regenwürmer. Bei der biologischen Bodenanalyse sollten die Proben möglichst rasch verarbeitet werden, da sehr schnell quantitative Veränderungen der Organismen eintreten.

Zählung und Isolierung von Mikroorganismen

Mikroskopische Zählung

Der Mikrobengehalt einer Bodenprobe läßt sich auf verschiedene Weise erfassen. Die schnellste Methode ist die Ermittlung des Gesamtbakteriengehaltes durch die fluoreszenzmikroskopische Zählung. Bei dieser direkten oder unmittelbaren Zählung kann zunächst in gleicher Weise wie bei der im Anschluß zu besprechenden indirekten Zählung vorgegangen werden. Der Arbeitsgang ist zusammengefaßt folgender: Von einer gut gemischten und gesiebten Bodenprobe werden 10 g mit 90 ml sterilem, destilliertem Wasser oder 2%iger Calgonlösung 30 min mechanisch geschüttelt. Bei kalkhaltigen Böden werden die Bodenkrümel und die Bakterienzoogloeen von dem dispergierend wirkenden Calgon besser zerteilt. Je nach Tongehalt wird die geschüttelte, 1 : 10 verdünnte Bodenaufschwemmung auf 1 : 25 bis 1 : 200 weiter verdünnt. Die letzte Verdünnungsstufe bekommt einen Zusatz von 0,1% Agar. Von der Endverdünnung werden auf einen Spezialobjektträger 0,01 ml mit einer Mikropipette aufgetragen und über eine durch einen Farbring markierte kreisförmige Fläche verteilt. Nach Antrocknen der Bodensuspension wird der Objektträger mit Acridinorange gefärbt und anschließend der überschüssige Farbstoff ausgewaschen. Der Agarzusatz verhindert das Ablösen des Bodenbelages. Schließlich werden in mehreren Gesichtsfeldern des Präparates die grün leuchtenden Bakterien gezählt und ihre Zahl auf 1 g Boden umgerechnet.

Plattengußverfahren

Dieses indirekte Zählverfahren geht auf ROBERT KOCH zurück. Die Mikroorganismen werden nicht unmittelbar gezählt, sondern erst die sich aus jeweils einem Organismus zu makroskopisch sichtbarer Größe entwickelten Kolonien. Dazu muß zunächst eine wie zur mikroskopischen Zählung bereitete Bodenaufschwemmung mit sterilem Wasser stufenweise bis zu einer Verdünnung von 1 : 1 Million weiter verdünnt werden. Der gesamte Arbeitsgang ist in Bild 40 dargestellt. Von den höheren Verdünnungsstufen wird 1 ml entnommen und in sterile Petrischalen gegeben. Darauf werden ca. 12 ml eines durch Erhitzen verflüssigten und wieder auf 50° abgekühlten agarhaltigen Nährsubstrats zugefügt und mit der organismenhaltigen Bodenverdünnung durch Schwenken der Petrischale vermengt. Ein geeignetes Substrat ist u. a. Nähragar, der 1 g Fleischextrakt, 1 g Pepton und 15 g Agar als Verfestigungsmittel je 1 Liter Wasser enthält und auf pH 7 eingestellt wird. Bei 25 °C Bebrütungstemperatur entwickeln sich aus den im

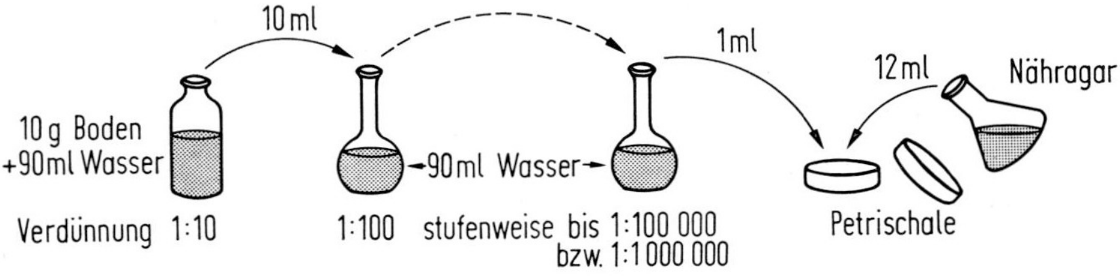

Bild 40. Arbeitsgang bei der indirekten Bakterienzählung nach dem KOCHschen Plattengußverfahren

Nährsubstrat verteilten einzelnen Mikroorganismen innerhalb einer Woche mit dem bloßen Auge sichtbare Kolonien. Auf diesem Nährsubstrat wachsen nur Bakterien und Actinomyceten. Die auf 1 g Boden umgerechnete Mikroorganismenzahl wird auch als Gesamtkeimzahl bezeichnet. Die bewachsenen Petrischalen liefern nur dann zuverlässige Werte, wenn die Kolonienzahl zwischen 30 und 200 liegt. Da die geeignete Verdünnung gewöhnlich nicht bekannt ist, müssen von mehreren Verdünnungsstufen Petrischalen (Platten) ausgegossen werden.

Mit dem Plattengußverfahren gewonnene Angaben über Bakteriengehalte liegen in der Regel um einige Zehnerpotenzen niedriger als fluoreszenzmikroskopische Zählergebnisse. Das hat folgende Ursachen: Die für das Plattengußverfahren zur Verfügung stehenden Nährböden erfüllen nur die Ansprüche eines kleinen Teils der gesamten Mikroflora. Auf ihnen wachsen beispielsweise nicht Vertreter so wichtiger Gruppen wie der stickstoffbindenden Bakterien, der Nitrifikanten, der Cellulosezersetzer und der anaeroben Bakterien. Für diese sind Spezialnährböden bzw. andere Bebrütungsbedingungen erforderlich. Weitere Bakterien lassen sich bisher überhaupt noch nicht kultivieren. Dazu gehören viele der sog. autochthonen Mikroorganismen (gr. autos = selbst, eigen und chthon = Erde), die vor allem in solchen Böden vorkommen, die nur weitgehend humifizierte Stoffe, also kein frisches organisches Material, enthalten. Bei der mikroskopischen Zählung werden diese Gruppen und darüber hinaus aber auch inaktive, nicht mehr vermehrungsfähige und bereits abgestorbene Zellen, mit erfaßt.

Die quantitative Bestimmung der Actinomyceten und Pilze, für die Spezialnährböden verwendet werden, ist noch sehr problematisch. Es ist nämlich bei Anwendung des KOCHschen Plattengußverfahrens nicht zu entscheiden, ob die Kolonien aus Hyphenbruchstücken oder aus untätigen Sporen hervorgegangen sind. Um die aktiven Stadien der Pilze, also die Hyphen, zu erfassen, wird eine Bodenprobe in einer speziellen Apparatur gewaschen. Dabei werden die leichten Sporen fortgeschwemmt. Die zurückbleibenden mineralischen und organischen Bodenpartikel werden einzeln auf einen Nähr-

boden, z. B. Carboxymethylcelluloseagar, gelegt und die von Hyphenbruchstücken auswachsenden Pilze isoliert und bestimmt. Auf diese recht mühselige Weise kann man den Artenbestand und die Häufigkeit isolierter Pilzarten an der Gesamtzahl der Isolate ermitteln.
Zur Zählung der Bodenalgen verwendet man Nährsubstrate, die nur mineralische Nährstoffe enthalten, denn die Algen leben unter Ausnutzung der Lichtenergie kohlenstoffautotroph. Die beimpften Substrate sind deshalb auch im Licht zu bebrüten. Doch zeigen viele Algen ebenfalls ein besseres Wachstum, wenn ihnen neben Mineralstoffen bestimmte organische Stoffe in Spuren zur Verfügung stehen.

Membranfiltermethode

Wesentlich bessere Wachstumsbedingungen finden Mikroorganismen, wenn die Substrate solche Stoffe enthalten, die auch in ihrem natürlichen Lebensraum, dem Boden, vorkommen. So werden auf Agarsubstraten, die unter Zusatz von Erde bereitet wurden, höhere Kolonienzahlen als auf üblichen Substraten gefunden. Ein solcher Erde-Nähragar wird in eine sterile Petrischale gegossen. Dann wird durch ein Membranfilter, das so enge Poren hat, daß es die Mikroorganismen zurückhält, eine geringe Menge einer Bodenverdünnung filtriert und das Filter dem Erdagar aufgelegt. Aus den auf dem Membranfilter zurückgehaltenen Organismen entwickeln sich aufgrund der optimaleren Nährstoffzusammensetzung des Substrats doppelt so viele Bakterien und das Fünf- bis Sechsfache an Actinomyceten und Algen, wie auf Substraten ohne Erdzusatz (Bild 41).

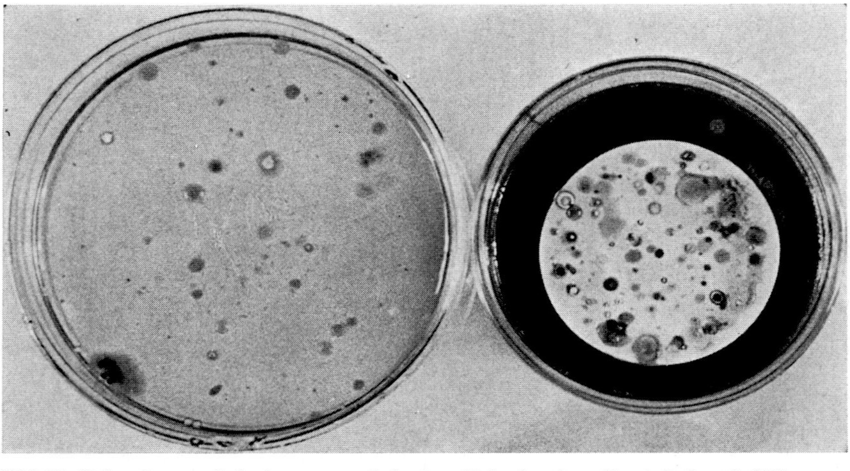

Bild 41. Bakterien- und Actinomycetenkolonien, links in einer Petrischale mit Nähragar, rechts auf einem Membranfilter, das auf Erde-Nähragar bebrütet wurde

Mit den geschilderten Kulturverfahren ist auch eine Isolierung der Mikroorganismen durch Abimpfen von einer Kolonie auf ein anderes steriles Nährsubstrat möglich. Darüber hinaus gibt es eine Reihe weiterer Anreicherungs- und Isolierungsmethoden, bei denen die speziellen Lebensbedürfnisse bestimmter Organismen berücksichtigt werden.

Zählung der Protozoen

Die tierischen Einzeller lassen sich ähnlich wie die pflanzlichen Mikroorganismen durch kulturelle Verfahren zählen und anreichern. Da die Protozoen hauptsächlich Bakterien verzehren, muß dafür gesorgt werden, daß ihnen Bakterien als Nahrungsquelle zur Verfügung stehen. Man geht so vor, daß zunächst steriler Nähragar in Petrischalen ausgegossen wird und nach dem Erstarren des Agars 5 ml Wasser zugefügt werden. Nun wird von einer Bodenprobe eine Verdünnungsreihe hergestellt und von jeder Verdünnungsstufe, beginnend mit der Verdünnung 1 : 10, je 1 ml in eine vorbereitete Petrischale gebracht. In der dünnen Flüssigkeitsschicht auf dem Nähragar entwickeln sich die in der Bodenaufschwemmung vorhandenen Bakterien. Waren in der Verdünnung gleichzeitig Protozoen vorhanden, so vermehren sie sich recht schnell, ebenso wie die ihnen als Nahrung dienenden Bakterien. Nach einigen Tagen wird bei geringer Vergrößerung die gesamte Wasserschicht einer Petrischale oder nur ein Tropfen davon auf einem Objektträger bei stärkerer Vergrößerung unter dem Mikroskop auf die Anwesenheit von Protozoen durchmustert. Aus der gerade noch Protozoen enthaltenden Verdünnung kann man auf den Gehalt des Bodens an tierischen Einzellern schließen.

Erfassung der Metazoen

Für die Untersuchung der kleineren Vielzeller werden die Tiere in verschiedener Weise aus dem Boden herausgetrieben und aufgefangen. Eine nahezu quantitative Erfassung der Nematoden einer Bodenprobe ist mit Hilfe des sog. BAERMANN-Trichters möglich. Die Vorrichtung ist in Bild 42 dargestellt. Von unten her wird in dem Trichter so viel Wasser angestaut, daß die Bodenprobe zur Hälfte in das Wasser eintaucht. Sodann wird der Quetschhahn wieder verschlossen. Die Nematoden wandern aus der Bodenprobe in das Wasser und sinken nach unten, was durch Erwärmen der Bodenprobe mit einer darüber angeordneten Glühlampe beschleunigt werden kann. Nach 12 Stunden werden die in dem Schlauchstück angereicherten Nematoden durch Öffnen des Quetschhahns in ein Auffanggefäß gespült. Die Nematoden können dann mikroskopisch gezählt und untersucht werden.

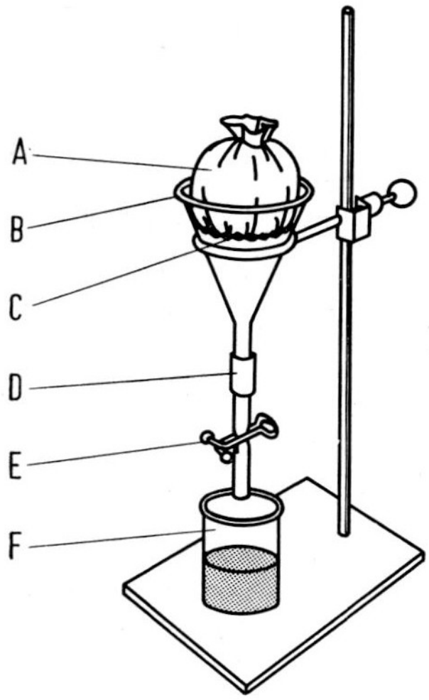

Bild 42. (links) BAERMANN-Trichter zur Extraktion von Nematoden aus dem Boden. *A* Bodenprobe in einem Netz, *B* Trichter, *C* Sieb, *D* Gummischlauch, *E* Quetschhahn, *F* Sammelgefäß

Bild 43. (unten) BERLESE-TULLGREN-Apparatur zur Extraktion von Kleinarthropoden. *A* Glühlampe, *B* Boden- oder Laubprobe auf einem Sieb, *C* Trichter, *D* Auffanggefäß mit Wasser oder Alkohol

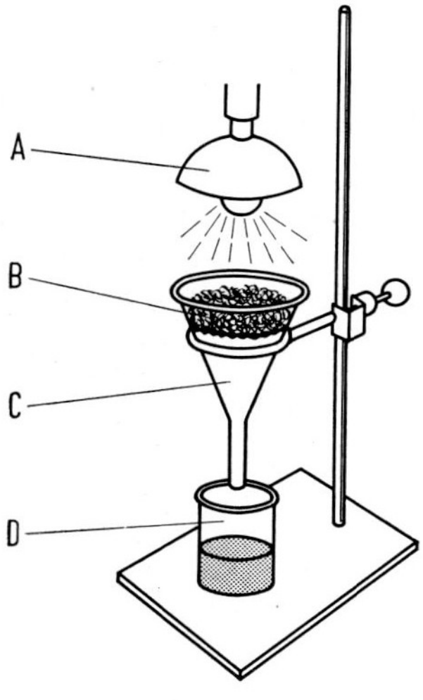

Von den verschiedenen Methoden zur Erfassung der Kleinarthropoden (Milben, Collembolen u. a.) ist die auf den italienischen Zoologen BERLESE zurückgehende am gebräuchlichsten (Bild 43). Die später von TULLGREN und anderen verbesserte und deshalb als BERLESE-TULLGREN-Apparatur bezeichnete Vorrichtung besteht aus einem Drahteinsatz, in den die Bodenprobe (100 cm^3) gefüllt wird. Der Drahteinsatz (Maschenweite 2 mm) wird in einen Trichter gestellt. Eine oberhalb der Bodenprobe befindliche Glühlampe trocknet den Boden allmählich aus. Die lichtscheuen und gegen Austrocknung empfindlichen Tiere verlassen nach unten den Boden und fallen in den Trichter, unter dem ein Auffanggefäß mit Wasser oder Alkohol angeordnet ist. Nach 24 Stunden können die Tiere gruppiert und gezählt werden.

Die Zahl der Anneliden wird durch die direkte Auslese von Hand noch immer am genauesten erfaßt. Zur Zählung der Enchyträen werden kleine Bodenproben auf schwarzem Untergrund ausgebreitet und die Tiere mit Lupe und Pinzette ausgelesen. Wenn die Bodenprobe mit wenig Wasser angefeuchtet wird, das etwas Alkohol enthält, bewegen sich die Enchyträen lebhafter und sind dann besser zu entdecken. Für die quantitative Erfassung der Regenwürmer müssen schon größere Bodenmengen herangezogen werden. Von einer 25 bis 50 cm^2 großen Fläche entnimmt man eine 20 bis 50 cm tiefe Schicht, breitet den Boden auf einer Plane aus und zählt die beim Sieben zurückbleibenden Regenwürmer.

Methoden zur Bestimmung der biologischen Bodenaktivität

Die Anzahl der im Boden vorhandenen Lebewesen braucht nicht unbedingt ein Maß für ihre Tätigkeit zu sein, wo noch dazu die ermittelte Zahl mit einem gewissen Fehler behaftet ist. Es gibt eine ganze Anzahl von Methoden, um die Stoffumsetzungen der Lebewesen des Bodens zu messen. Die Gesamtheit aller durch das Edaphon bewirkten Stoffumsetzungen wird auch als biologische Bodenaktivität bezeichnet. Mit den verschiedenen Methoden werden nur mehr oder weniger große Teile dieser biologischen Bodenaktivität erfaßt. Das leuchtet ein, wenn man die Mannigfaltigkeit der Bodenlebewelt und damit die Vielzahl der von ihnen bewirkten Vorgänge bedenkt.

Bodenatmung

Zahlreiche Lebensvorgänge sind mit dem Verbrauch von Sauerstoff oder der Bildung von Kohlendioxid verbunden (siehe auch S. 74 ff.). Die Aufnahme von Sauerstoff und die Abgabe von Kohlendioxid durch den Boden wird als Bodenatmung bezeichnet. Werden dem Boden organische Stoffe zugesetzt, so vermehren sich die Bodenorganismen und wandeln die zugefügten Stoffe um. Dafür benötigen die meisten Organismen Sauerstoff. Kohlendioxid erscheint häufig als Endprodukt der Atmung. Das Ausmaß der Atmungssteigerung hängt außer von der Menge und der Art der zugefügten organischen Substanz auch von den vorhandenen Organismen und den chemischen und physikalischen Eigenschaften des Bodens ab. Geringen apparativen Aufwand erfordert eine von ISERMEYER beschriebene Methode zur Bestimmung der Bodenatmung (Bild 44). In ein Einmachglas werden 50 ml einer Bariumhydroxidlösung pipettiert. Danach wird ein Becherglas in das Einmachglas gestellt, das mit einer Bodenprobe von 50 g gefüllt ist. Das Einmachglas wird fest verschlossen bei 25 °C aufgestellt. Das Bariumhydroxid fängt das entstehende Kohlendioxid auf, wobei unlösliches Bariumkarbonat entsteht. Nach ein oder mehreren Tagen wird durch Titration der restlichen Lauge mit Salzsäure der Verbrauch an Bariumhydroxid bestimmt. Daraus läßt sich die Menge des gebildeten Kohlendioxids errechnen. Wird die Bodenprobe sofort wieder in ein Einmachglas mit Bariumhydroxid gebracht und die Kohlendioxidbestimmung auf die gleiche Weise mehrfach wiederholt, so kann der Verlauf der Atmung verfolgt werden.

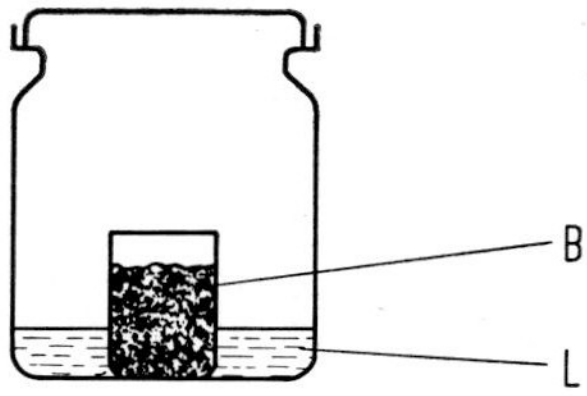

Bild 44. Bestimmung der Bodenatmung. *B* Bodenprobe, *L* Bariumhydroxidlösung

Eine andere Möglichkeit, die Atmung zu erfassen, besteht darin, den Sauerstoffverbrauch bei der Oxydation von abbaufähigen Stoffen im Boden zu bestimmen. Häufig wird die Messung auf manometrischem Wege in dem sog. WARBURG-Apparat durchgeführt. Das ausgeschiedene Kohlendioxid wird in Kalilauge absorbiert und die verbrauchte Sauerstoffmenge direkt als Druckminderung an einem Manometer abgelesen. Mit dieser Methode ist auch die Atmungsintensität kleinerer Bodentiere gemessen worden, wobei wiederholt festgestellt wurde, daß die Intensität der Atmung mit zunehmender Körpergröße bzw. Biomasse abnimmt (Bild 45).

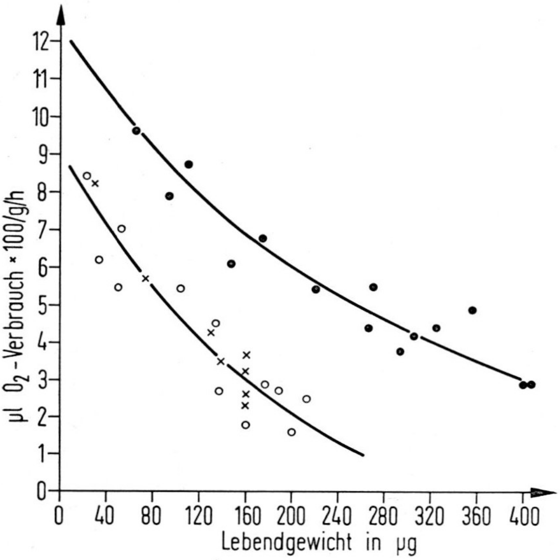

Bild 45. Beziehung zwischen Körpergröße und Atmungsintensität bei verschiedenen Enchyträenarten. × = *Hemihenlea cambrensis*, ● = *Cognettii cognettii*, ○ = *Achaeta eiseni* (O'CONNOR)

Bestimmung von Enzymaktivitäten im Boden

Im biologischen Bereich werden die meisten Stoffwechselreaktionen von Fermenten oder Enzymen katalysiert. Auch die Mikroorganismen bilden Enzyme, um die im Boden vorhandenen organischen Stoffe abzubauen. Die dem Abbau unterliegenden Materialien enthalten vorwiegend hochmolekulare Stoffe, wie Cellulose, Lignin und Protein. Die Mikroorganismen sind nicht in der Lage, diese Verbindungen unmittelbar aufzunehmen. Sie werden vorher durch ausgeschiedene Enzyme in kleinere Bruchstücke gespalten. Enzyme werden von den Bodenkolloiden (Ton, Huminstoffe) festgehalten, so daß sich ein weitgehend konstanter Enzymspiegel ausbildet. Bisher hat man hauptsächlich die Aktivität abbauender Enzyme untersucht, die organische Verbindungen hydrolytisch, das heißt unter Wasseraufnahme, spalten.

Die nachfolgende Tabelle gibt einen Überblick über die wichtigsten dieser als Hydrolasen bezeichneten Enzyme:

Enzym	Hydrolyse von
Saccharase	Rohrzucker in Glucose und Fruktose
Glycosidasen	Glycoside in Monosaccharide und Aglykon
α- u. β-Amylase	Stärke in Maltose
Cellulasen	Cellulose in Cellobiose
Proteasen	Eiweißkörper in Aminosäuren
Phosphatasen	organische Phosphorverbindungen in anorganisches Phosphat
Urease	Harnstoff in Kohlensäure und Ammoniak

Das Prinzip des Nachweises von hydrolytischen Bodenenzymen ist einfach. Eine Bodenprobe, deren Mikroorganismen durch Toluolzusatz inaktiviert worden sind, wird mit einem der erwähnten abzubauenden Substrate versetzt und bei einer bestimmten Temperatur so lange aufbewahrt, bis eine meßbare Umsetzung stattgefunden hat. Dann wird eines der Produkte der Enzymwirkung qualitativ oder quantitativ ermittelt. Die gefundene Enzymwirkung läßt jedoch nicht immer eine Beziehung zu anderen Kriterien der biologischen Bodenaktivität, wie der Zahl der Mikroorganismen, der Kohlendioxidbildung, der Nitrifikation oder der Ammonifikation erkennen.
Eine bessere Übereinstimmung mit der Kohlendioxidproduktion und der Mikroorganismenzahl zeigt die Dehydrogenaseaktivität. Dehydrogenasen oder Dehydrasen sind Enzyme, die bei zahlreichen Stoffwechselreaktionen, vornehmlich bei der Atmung, in der Zelle eine Rolle spielen. Sie spalten Wasserstoff von Kohlenhydratstoffwechselprodukten ab und übertragen ihn auf andere Moleküle. Als Beispiel sei die Bernsteinsäuredehydrogenase genannt. Die durch sie bewirkte enzymatische Reaktion läßt sich folgendermaßen darstellen:

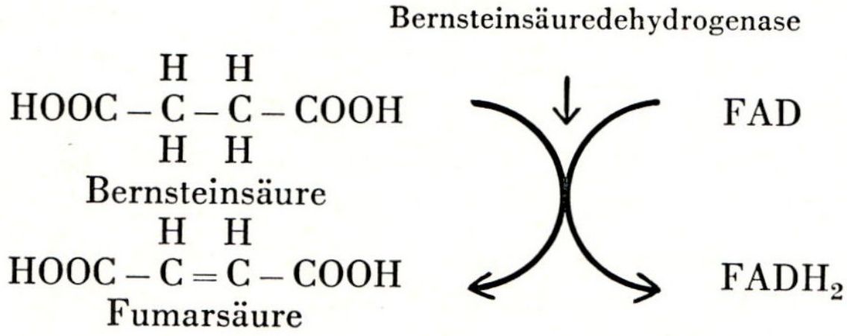

Die Bernsteinsäuredehydrogenase spaltet von der Bernsteinsäure zwei Wasserstoffatome ab und überträgt sie auf FAD (Flavinadenindinukleotid), ein weiteres wichtiges Enzym, so daß als Oxydationsprodukt Fumarsäure entsteht. Zur Bestimmung der Dehydrogenaseaktivität einer Bodenprobe sind die Mikroorganismen nicht erst zu inaktivieren. Man fügt zu einer Bodenprobe eine wäßrige Lösung von Triphenyltetrazoliumchlorid (TTC) hinzu. Das farblose TTC dient als Wasserstoffakzeptor und wird durch Wasserstoffanlagerung, bei der die Dehydrogenasen die Überträgerrolle spielen, zu dem intensiv rot gefärbten wasserunlöslichen Formazan reduziert. Das Formazan ist anschließend mit einem organischen Lösungsmittel zu extrahieren. Aus der Intensität der kolorimetrisch gemessenen Rotfärbung wird die gebildete Formazanmenge errechnet.

Bestimmung der Ammonifikationsfähigkeit

Der größte Teil des Bodenstickstoffs ist in organischer Bindung festgelegt und in dieser Form für die höhere Pflanze nicht verwertbar. Durch die Tätigkeit der Mikroorganismen wird beim Abbau organischer Stickstoffverbindungen der Stickstoff als Ammonium freigesetzt (vgl. S. 97 ff.). Dieser Prozeß wird als Ammonifikation, die weitere Umwandlung des Ammoniums in Nitrat als Nitrifikation (vgl. S. 100 ff.) bezeichnet. Das Ausmaß der Stickstoffmineralisation ist für das Wachstum der Pflanzen, für die mineralischer Stickstoff ein Hauptnährstoff ist, von entscheidender Bedeutung. Zur Bestimmung der Ammonifikationsfähigkeit werden 100 g Boden mit einer eiweißhaltigen Substanz (Blutmehl) in einer 100 mg Stickstoff entsprechenden Menge versetzt und bei 50% der Wasserkapazität des Bodens 28 Tage bei 20° unter schwacher Belüftung aufbewahrt. Anschließend werden Bestimmungen des Ammoniak-, Nitrat- und Gesamtstickstoffs durchgeführt. Die Intensität der Ammonifikation gibt einen Anhaltspunkt dafür, wie schnell in den Boden etwa als Stallmist oder Gründüngung eingebrachter organischer Stickstoff mineralisiert und damit den Pflanzen verfügbar wird.

Bestimmung der cellulosezersetzenden Kraft

Zum Schluß soll noch auf eine leicht zu handhabende Freilandmethode zur Bestimmung des Celluloseabbaues hingewiesen werden, die von Unger entwickelt wurde. Das Ausmaß der cellulolytischen Aktivität des Bodens ist insofern besonders wichtig, als Cellulose den Hauptbestandteil der dem Boden zugeführten Pflanzenreste bildet. Eine Vielzahl von Bakterien, Actinomyceten und Pilzen ist am Celluloseabbau beteiligt. Um die Intensität des Abbaus zu prüfen, werden 25×5 cm große Perlongazebeutel von 1 mm Maschenweite mit 100 g Watte gefüllt. Die Beutel werden eingegraben und nach einer gewissen Zeit dem Boden wieder entnommen. Dann wird die restliche Watte bestimmt. Die Menge der abgebauten Watte kann als ein Maß für die cellulosezersetzende Kraft des Bodens angesehen werden.

Die Tätigkeit der Bodenorganismen

4

Zur geobiochemischen Rolle des Edaphons

Als Boden bezeichnen wir die obere Verwitterungsschicht der Erde, die durchsetzt ist mit Wasser, Luft und Lebewesen sowie abgestorbenen und umgewandelten organischen Substanzen. Seine Entstehung beginnt mit der Verwitterung des Ausgangsgesteins, an der physikalische und chemische Kräfte beteiligt sind. Durch Temperaturschwankungen, wobei die Sprengwirkung des in Felsspalten eindringenden und gefrierenden Wassers eine Hauptrolle spielt, wird das Gestein mechanisch zerkleinert. Im Bereich der Kies- und Sandfraktion führen die unterschiedliche Wärmeleitung und Ausdehnung der Minerale zu einer weiteren Aufspaltung. Aus den Gesteinstrümmern werden durch die im Wasser enthaltene Kohlensäure Kationen chemisch herausgelöst. Schließlich sind auch die auf dem nackten Gestein sich ansiedelnden Lebewesen an der Verwitterung beteiligt, indem sie sich einzelne Bestandteile als Nahrung aneignen und den Gitterverband der Gesteinskristalle zerstören. Neben diesen geobiochemischen Wirkungen tragen die Pionierorganismen in den Initialstadien der Bodenbildung darüber hinaus als Produzenten organischer Stoffe zu einer ersten Anreicherung von Humus bei. Später gewinnen in zunehmendem Maße die zu den Konsumenten und Reduzenten organischer Stoffe gehörenden Bodenbewohner für die Weiterentwicklung der Böden eine Bedeutung. Die Untersuchung des komplizierten Stoff- und Energiewechsels in den verschiedenen

Ökosystemen wird als biochemische Ökologie oder Produktionsbiologie bezeichnet.

Auf unzersetztem Gestein können nur äußerst anspruchslose Organismen gedeihen. Sie decken ihren Mineralstoffbedarf, indem sie die Silikatminerale angreifen, den Stickstoff aus der Luft entnehmen und mit Hilfe des Sonnenlichtes aus dem Kohlendioxid der Luft ihre organische Substanz aufbauen. Derart umfassende biochemische Leistungen werden nur von einigen blaugrünen Algen vollbracht, die auch zu den ältesten bekannten Lebewesen gehören. Andere, nicht stickstoffbindende Algen sind wenigstens auf Spuren organischer Stickstoffverbindungen angewiesen, die im Regenwasser enthalten sind. Auf kahlen Felsen der Alpen wurden vor einiger Zeit sehr anspruchslose Bakterien entdeckt. Diese zur Gattung *Arthrobacter* gehörenden Bakterien zersetzen ebenfalls Silikatminerale und binden gleichzeitig den Luftstickstoff. Sie benötigen aber organische Stoffe als Kohlenstoffquelle. Die Gesteinsauflösung durch die erwähnten Organismen hängt mit der Bildung von Kohlensäure und organischen Säuren zusammen, auf deren Wirkung noch eingegangen wird.

Vor allem aber spielen die außerordentlich widerstandsfähigen und anspruchslosen Flechten bei der biologischen Verwitterung der Gesteine eine hervorragende Rolle. Die Flechten besitzen eine einzigartige ökologische Anpassungsfähigkeit, die es ihnen gestattet, noch unter extremsten Bedingungen zu überleben. Erstbesiedler kahler Felsen sind die Krustenflechten. Ihnen folgen später die Laub- und Strauchflechten. Flechten breiten sich entweder nur an der Gesteinsoberfläche aus (epilithische Flechten), oder sie leben in den feinen Felsspalten (endolithische Flechten). Mit Hilfe der von ihnen gebildeten Flechtensäuren lösen sie aus den nahezu unlöslichen Silikaten des Gesteins die für ihr Wachstum erforderlichen Mineralstoffe heraus. Bei den Flechtensäuren handelt es sich um sog. Polyhydroxy-Polycarbonsäuren. Diese Säuren vermögen die mehrwertigen Kationen Calcium, Magnesium, Mangan, Eisen und Aluminium aus dem Kristallgitter der Minerale herauszulösen und in wasserlösliche metallorganische Komplexverbindungen zu überführen. Der Vorgang wird auch als Chelatisierung (von gr. Chele = Kralle) bezeichnet, da das Metallion von der organischen Säure krallenartig festgehalten wird. Das Kristallgitter bricht zusammen, und einwertige Kationen, wie das quantitativ am meisten von Mikroorganismen und höheren Pflanzen benötigte Kalium, können durch Umtausch gegen Wasserstoffionen in Lösung gebracht werden. Interessant ist, daß die Flechtensäuren weder von alleinwachsenden Pilzen noch von Algen, sondern nur in der Symbiose beider gebildet werden. Die Symbiose schafft auch erst die Voraussetzung für die Besiedlung des unwirtlichen Lebensraumes. Das Wesen jeder Symbiose liegt in einer Arbeitsteilung zwischen beiden Partnern. Die Pilzhyphen nehmen die Mineral-

Bild 46. Bildung und Entwicklung eines Bodens auf einem Felsenheidenstandort im Kalksteingebiet. Polster von *Dryas octopetala* und *Carex firma*. B-Horizont fehlt (NOSEK)

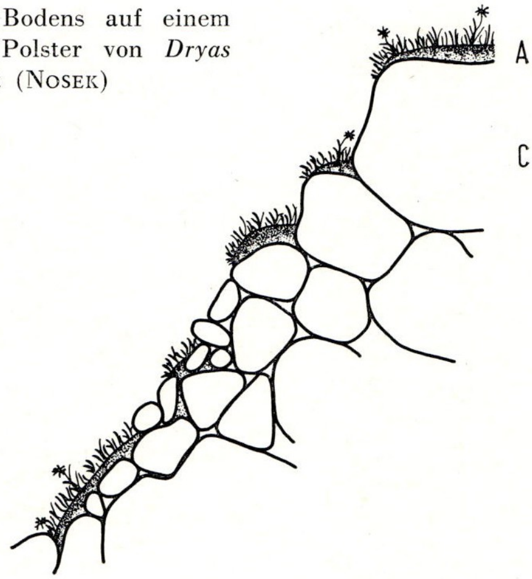

stoffe auf und geben sie zum Teil an die Algen weiter. Die kohlenstoffautotrophen Algen ihrerseits synthetisieren mit Hilfe der Lichtenergie aus dem Kohlendioxid der Luft organische Verbindungen und stellen den kohlenstoffheterotrophen Pilzen im Austausch Kohlenhydrate zur Verfügung.

Wenn sich die ersten pflanzlichen Pionierorganismen angesiedelt haben, finden auch schon niedere Tiere, wie Protozoen, Nematoden, Rotatorien und Tardigraden ausreichenden Lebensraum. Der Wind wehrt ihre Dauerstadien an. Dazu stellen sich Schnecken ein, die den Flechtenrasen abweiden. In der weiteren Reihenfolge der Besiedlung erscheinen dann die polsterbildenden Moose, die die Feuchtigkeit länger halten. Tiere, wie Collembolen und Oribatiden, finden zwischen ihnen günstige Lebensbedingungen. Sie produzieren schon größere Mengen an Exkrementen, die zwischen Flechten und Moosen sowie in den Felsspalten, in die sich die Tiere bei Trockenheit zurückziehen, abgelagert werden. Tiere sind auch für die Vermischung der von Mikroorganismen weiter zersetzten Kotballen mit anorganischen Teilchen verantwortlich. So entsteht ein Rohboden, der dann verschiedenen anspruchslosen Farnen, horstbildenden Gräsern, sukkulenten Sedum-Arten und anderen Pflanzen das Wachstum gestattet (Bild 46).

An der fortschreitenden Verwitterung sind viele heterotrophe Bakterien und Pilze, die organische Säuren bilden, beteiligt. Vor allem kommen in Frage: Oxal-, Essig-, Ameisen-, Citronen-, Propion-, Fumar-, Bernstein- und 2-Ketogluconsäure. Die Säuren wirken entweder ähnlich wie die Flechtensäuren durch Komplexbildung mit den mehrwertigen Kationen der Minerale gesteinszersetzend oder durch Erhöhung der Wasserstoffionenkonzentration in der Bodenlösung. Die Wasserstoffionen tauschen zunächst die Alkaliionen (u. a. Kalium) aus den Randzonen der Minerale aus; im weiter fortgeschrittenen Stadium treten sie an die Stelle der im Kristallgitter gebundenen Aluminium- und Eisenionen und bewirken dabei den vollständigen Abbau des Gitters. Auch die von vielen Bakterien gebildeten Schleimstoffe besitzen ein beträchtliches Lösungsvermögen. Zu erwähnen sind weiterhin Huminsäuren, die im Verlauf des mikrobiellen Abbaus von Pflanzen- und Tierresten entstehen

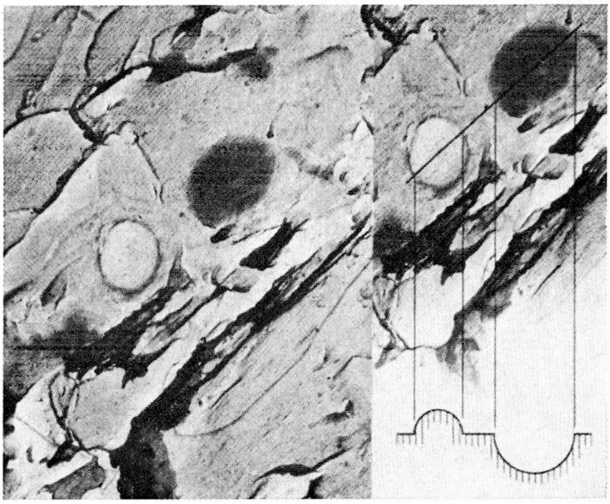

Bild 47. Elektronenmikroskopische Aufnahme einer geschliffenen Feldspatoberfläche mit einem Bacterium (links) und der Zersetzungswirkung eines anderen (rechts) (OBERLIES u. POHLMANN)

und die ebenfalls durch Komplexbildung zum Abbau der Minerale beitragen. Die Einwirkung der Mikroorganismen auf Minerale läßt sich im Elektronenmikroskop sichtbar machen. Feldspäte, die dem Angriff von Bakterien ausgesetzt waren, zeigten charakteristische Vertiefungen von Bakteriengröße, die darauf hindeuten, daß sich an diesen Stellen Bakterien angesiedelt hatten

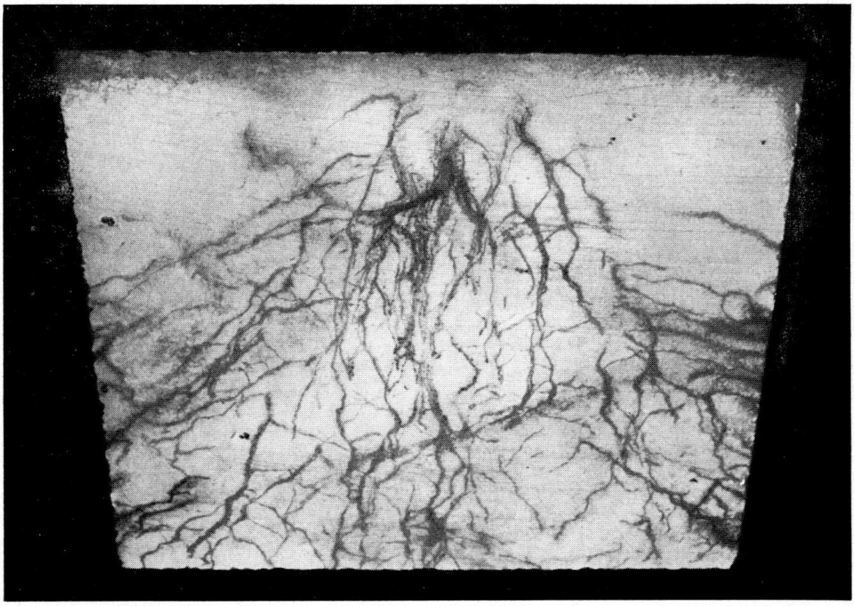

Bild 48. Von Pflanzenwurzeln geätzte Marmorplatte

(Bild 47). Die gesteinslösende Wirkung von Pflanzenwurzeln ist dadurch nachzuweisen, daß man sie an einer polierten Marmorplatte entlangwachsen läßt. Nach Entfernung der Wurzeln zeichnet sich ihr Verlauf deutlich ab. Die Auflösung des Calciumkarbonats wird größtenteils durch die die Wurzeloberfläche besiedelnden Mikroorganismen verursacht (Bild 48).

Der Anteil des Edaphons an der Entwicklung der Böden

Die weitere Entwicklung des Rohbodens wird vom Klima, der chemischen Zusammensetzung des Ausgangsgesteins und der Bodenlebewelt bestimmt. Die Haupttätigkeit der Bodenorganismen besteht jetzt in der Zersetzung der immer reichlicher anfallenden Pflanzen- und Tierreste, der Vermischung mit dem Mineralboden und der Umwandlung eines Teils dieser Stoffe in dauerhaften Humus. In natürlichen Ökosystemen werden die gesamten anfallenden Pflanzen- und Tierrückstände verarbeitet. In vom Menschen beeinflußten Ökosystemen, also bei der Wald-, Feld- und Grünlandnutzung, ist die Menge des anfallenden Materials geringer. Es wurde errechnet, daß bei der Beweidung von Grünland zur Rindermast etwa vier Fünftel der von den Pflanzen in organischer Substanz festgelegten Sonnenenergie dem Boden wieder zugeführt werden und den Reduzenten, also den Bodenorganismen, zur Deckung ihres Bedarfs zur Verfügung stehen. Die Berechnung für ein Waldökosystem ergab, daß ein Drittel der von den Pflanzen gespeicherten Energie dem Edaphon überlassen wird. Die Umsetzungsleistung des Edaphons ist beträchtlich, fallen doch in Wäldern im Mittel 30 dz/ha und in Ackerböden allein mit den Ernterückständen 10 – 20 dz Trockenmasse an.
In wechselndem Zusammenwirken von Klima, Ausgangsmaterial und Edaphon entstehen verschiedene Bodentypen, die sich im Profilaufbau, d. h. in ihrer horizontalen Gliederung unterscheiden. An der Bodenoberfläche bildet sich ein sog. A-Horizont heraus, der stets organische Substanz enthält. Darunter folgt bei wenig entwickelten Böden direkt das Ausgangsgestein, der C-Horizont. Ein A-C-Profil haben Rendzina und Schwarzerde. Die Rendzina, auch Humuskarbonatboden genannt, bildet sich auf Kalk, Dolomit und Gipsgestein (Bild 49). Sie zeichnet sich wegen des Basenreichtums des Ausgangsgesteins durch eine hohe biologische Aktivität aus, hat aber wegen ihrer geringen Mächtigkeit landwirtschaftlich nur geringe Bedeutung. Der fruchtbarste Boden überhaupt, die Schwarzerde (Bild 49), ist unter Steppenvegetation insbesondere aus Löß entstanden. In beiden Böden herrschen gute Luft- und Feuchtigkeitsverhältnisse, und der Nährstoffgehalt ist hoch. Der Bestandsabfall wird in Rendzina- und Schwarzerdeböden innerhalb Jahresfrist durch eine rege Bodenlebewelt mit dem Mineralboden vermischt, abgebaut und ein kleiner Teil in stabile Humusstoffe umgewandelt. Diese günstige

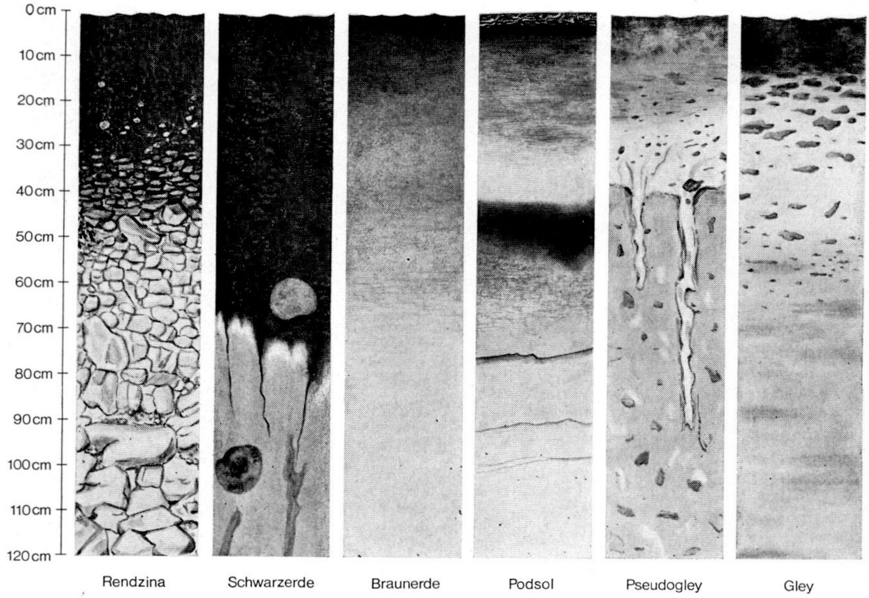

Bild 49. Bodenprofile (SCHEFFER u. SCHACHTSCHABEL)

Humusform wird als Mull bezeichnet. Entscheidend für die Bildung der Schwarzerde ist die zeitweise Unterbrechung der mikrobiellen Aktivität durch trockene Sommer und kalte Winter. Unter solchen Bedingungen wird die vollständige Mineralisation der Vegetationsrückstände unterbunden, so daß sich organische Substanz anreichern kann. Die im Frühjahr und Herbst aber trotzdem sehr aktive Bodenfauna, insbesondere die Regenwürmer und andere grabende Bodentiere, vermischen die organischen Stoffe innig mit dem Mineralboden, wodurch ein mächtiger A-Horizont entsteht. Im Darm der Regenwürmer bilden sich überdies die Calcium-gesättigten Ton-Humus-Komplexe, die dem Boden beste physikalische und chemische Eigenschaften verleihen. Typisch für Schwarzerden sind die Krotowinen, die ehemals Gänge und Höhlen von Kleinsäugern waren und die später erst mit Material angefüllt wurden, das sich von dem umgebenden Boden unterscheidet. Die hohe biologische Aktivität bei Mullbildung geht aus vergleichenden Mikroorganismenzahl- und Atmungsbestimmungen hervor (Tabelle 1).

In der Mull-Pararendzina, einem Boden, der wie die Rendzina ein A-C-Profil hat, sind sowohl die Bakteriengehalte als auch die Bodenatmung höher als in den Untertypen der Braunerde und des Gleys. Die Tabelle gibt gleichzeitig ein Beispiel dafür, daß mit zunehmender Tiefe die biologische Aktivität nachläßt. Bei den meisten Böden befindet sich zwischen dem A- und dem C-Horizont noch ein ebenfalls verwitterter B-Horizont. In ihm sind häufig

Ton, Sesquioxide ($Al_2O_3 + Fe_2O_3$) und Huminstoffe aus dem A-Horizont eingewaschen worden. Ein solches Profil besitzen u. a. die in Mitteleuropa häufigsten Böden, die Braunerden und der in Nordwesteuropa verbreitete Podsol (Bild 49). Die Eigenschaften der Braunerde werden stark durch die verschiedenartigen Ausgangsgesteine sowie die Vegetation geprägt. Flachgründige Braunerden eignen sich nur zur Waldnutzung, die übrigen dienen als Ackerland. Die biologische Aktivität ist im allgemeinen etwas geringer als bei den schon genannten Bodentypen (Tabelle 1). Im reinen Nadel- oder Buchenwald ohne Krautvegetation ist die Streu schwer zersetzlich, so daß sich ein rein organischer lockerer Auflagehorizont ausbildet. In dieser als Moder bezeichneten Schicht verläuft die Zersetzung des Bestandsabfalls zwar langsam, trotzdem aber noch vollständig.
Kommt es zu einer noch stärkeren Anhäufung von schwer zersetzbarer Streu an der Bodenoberfläche, so spricht man von einer Rohhumusauflage. Solche Streu wird von Ericaceen, Besenginster, Coniferen und Buchen geliefert. Der Rohhumus tritt vorwiegend in den kühlen humiden Klimagebieten Nordwesteuropas auf und ist mit der Podsolbildung (Bild 49) verbunden. Die Podsolierung besteht darin, daß Aluminium- und Eisenoxide sowie Calcium und andere Nährstoffe aus dem A-Horizont in tiefere Bodenschichten gewaschen werden. Daran sind die im Rohhumus enthaltenen wasserlöslichen organischen Stoffe maßgeblich beteiligt. Das Eisen muß aber vorher in lösliche Form überführt sein, was auf dem Wege der Komplexbildung mit Fulvosäuren und anderen beim mikrobiellen Streuabbau freiwerdenden bzw. entstehenden organischen Verbindungen geschieht. Infolge der Auslaugung besteht der untere Teil des A-Horizontes überwiegend aus weißen Quarz-

Tabelle 1 (nach Beck)

	Tiefe in cm	Gesamtbakterienzahl in Mill.	Bodenatmung ($mg\ CO_2$ / 20 g / 8 Tg.)
Mull-Pararendzina	0–15	29,0	88,8
	25–40	11,4	28,2
	ab 100	0,6	—
Parabraunerde	0–18	9,0	48,4
	18–35	2,0	18,0
	ab 50	0,15	12,8
Pseudogley-Gley	0–16	5,6	32,6
	22–42	1,6	11,8
	48–68	0,2	11,2
	ab 70	$< 0,1$	—

körnchen. Darauf beruht auch die Bezeichnung Bleicherde für Podsol. Das in den B-Horizont verlagerte Eisen wird dort unter Oxydation wieder ausgefällt, wodurch lockere Orterde oder harter Eisenortstein entsteht. Auch an diesem Prozeß sind Bakterien, und zwar autotrophe Eisenbakterien, beteiligt. An der Profilentwicklung von Böden, die ständig unter dem Einfluß von Grundwasser stehen, haben Mikroorganismen ebenfalls einen wesentlichen Anteil. Solche Böden sind der Gley und der Pseudogley. Ihre geringe biologische Aktivität geht aus Tabelle 1 hervor. Im Gley folgt auf den A-Horizont ein rostfleckiger Oxydationshorizont, in den das Grundwasser zeitweilig eindringt. Unter ihm liegt in 80 – 100 cm Tiefe ein fahl- bis dunkelgrauer Reduktionshorizont, in dem ständig Grundwasser ansteht. Während die rostroten Flecke ausgefälltes dreiwertiges Eisen anzeigen, deuten die grauen Tönungen auf reduziertes zweiwertiges Eisen hin. Für die Reduktion des Eisens sind Bakterien der *Clostridium butyricum*-Gruppe verantwortlich. Die Clostridien verwenden unter den in diesem Horizont herrschenden anaeroben Bedingungen den Sauerstoff des dreiwertigen Eisenoxids zur Atmung und reduzieren dabei das Eisen zu löslichen fahlgrauen zweiwertigen Verbindungen.

Der Abbau von Pflanzen- und Tierresten

Anteil der Bodenfauna

Die drei Humusformen Mull, Moder und Rohhumus sind das Produkt der Abbautätigkeit von Biozönosen, die sich in ihrer Zusammensetzung und Leistung unterscheiden. Wie noch zu erörtern sein wird, greifen dabei Bodentiere und Mikroorganismen eng ineinander. Der Hauptunterschied zwischen den Biozönosen, die an der Entstehung der drei Humusformen beteiligt sind, besteht darin, daß bei der Entstehung des Moders – verstärkt noch beim Rohhumus – die Vertreter der Makrofauna fehlen. Gerade die zur Makrofauna gehörenden Diplopoden, Asseln, Dipterenlarven und Schnecken sind im Mull die wichtigsten Primärzersetzer, also Tiere, die das frische Fallaub angreifen. Unter günstigen Bedingungen verzehren allein Diplopoden (Tausendfüßer) 10 – 25% der Laubstreu. Der Anteil der Asseln beläuft sich auf 5 – 10%. Landwirtschaftlich genutzte Böden werden jedoch von Asseln gemieden. Die Bedeutung der Makrofauna für den Abbau von Laubblättern ließ sich in einem einfachen Experiment nachweisen. Buchen- und Eichenblätter wurden in Gazebeutel unterschiedlicher Maschenweite (0,5 bis 7 mm) gefüllt und in den Boden eingegraben. In den kleinmaschigen Beuteln, die den größeren Bodentieren das Eindringen verwehrten, erfolgte der Abbau merklich langsamer als in den weitmaschigen Beuteln (Bild 50).

Bild 50. Abbau von Buchen- und Eichenstreu bei Zutritt und bei Ausschluß der Makrofauna (EDWARDS u. HEATH, nach THIELE)

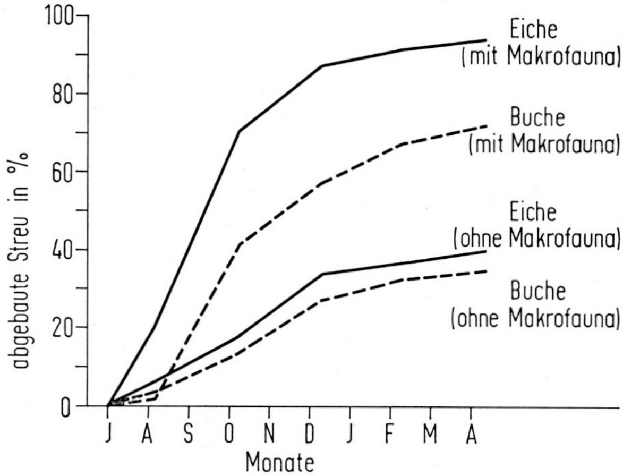

Die einzelnen Laubarten werden von den Bodentieren unterschiedlich gern gefressen. Weiche Blätter mit engem Kohlenstoff : Stickstoff-Verhältnis haben Holunder, Esche, Erle und Linde. Sie werden gegenüber dem härteren Eichen- und Buchenlaub bevorzugt. Da solche Blätter aber auch von Mikroorganismen leichter abgebaut werden, ist es möglich, daß die Tiere diese Blätter wegen des Besatzes mit leichtverdaulichen Mikroorganismen vorziehen. Die ebenfalls zur Makrofauna zählenden Regenwürmer sind an der Primärzersetzung weniger beteiligt. Ihre Bedeutung liegt überwiegend in der Vermischung organischer und anorganischer Teilchen. Durch die mehrmalige Darmpassage werden die Rückstände zerkleinert und damit für den mikrobiellen Ab- und Umbau stärker aufgeschlossen; 85 – 95% der aufgenommenen organischen Stoffe gelangen wieder als Exkremente in den Boden zurück. Versuche ergaben, daß die Zersetzung organischen Materials bei Anwesenheit von Regenwürmern um ein Fünftel bis ein Sechstel schneller war als ohne diese. Bereits im Darm der Tiere tritt eine starke Mikroorganismenvermehrung ein, so daß die Exkremente organismenreicher sind als die Nahrungsstoffe. Fehlen Regenwürmer im Boden, kommt es oftmals zur Ausbildung eines organischen Horizonts an der Bodenoberfläche. So hatte sich z. B. auf einer Weide, die durch Überflutung ihre Regenwurmfauna verloren hatte, eine 4 cm starke Schicht aus abgestorbenen Pflanzenteilen gebildet. Dort, wo dem Boden Regenwürmer erneut zugefügt worden waren, verschwand diese Schicht wieder. Auch wenn die Lebensbedingungen für Regenwürmer durch einen sauren pH-Wert des Bodens ungünstig sind, entsteht eine solche Streuauflage.

Als ein Beispiel für die an der Zersetzung der Laubstreu beteiligte Zoozönose (Biozönose der Tiere) bei Moderbildung soll das in Bild 51 dargestellte

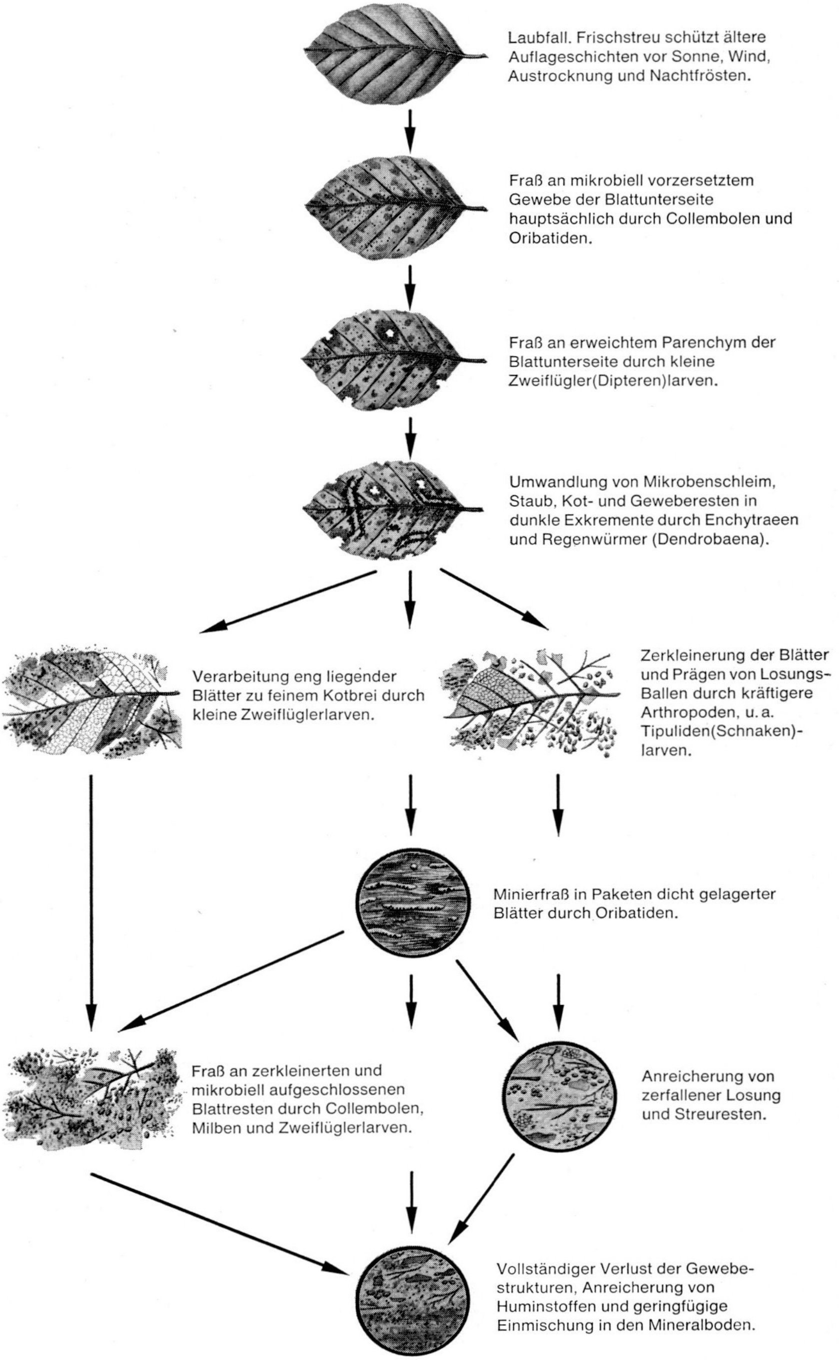
Laubfall. Frischstreu schützt ältere Auflageschichten vor Sonne, Wind, Austrocknung und Nachtfrösten.
Fraß an mikrobiell vorzersetztem Gewebe der Blattunterseite hauptsächlich durch Collembolen und Oribatiden.
Fraß an erweichtem Parenchym der Blattunterseite durch kleine Zweiflügler(Dipteren)larven.
Umwandlung von Mikrobenschleim, Staub, Kot- und Geweberesten in dunkle Exkremente durch Enchytraeen und Regenwürmer (Dendrobaena).
Verarbeitung eng liegender Blätter zu feinem Kotbrei durch kleine Zweiflüglerlarven.
Zerkleinerung der Blätter und Prägen von Losungs-Ballen durch kräftigere Arthropoden, u.a. Tipuliden(Schnaken)-larven.
Minierfraß in Paketen dicht gelagerter Blätter durch Oribatiden.
Fraß an zerkleinerten und mikrobiell aufgeschlossenen Blattresten durch Collembolen, Milben und Zweiflüglerlarven.
Anreicherung von zerfallener Losung und Streuresten.
Vollständiger Verlust der Gewebestrukturen, Anreicherung von Huminstoffen und geringfügige Einmischung in den Mineralboden.

Schema dienen. Es handelt sich um einen Standort mit Altbuchen im Weserbergland. Die Umwandlung der Laubstreu dauert dort 6 bis 10 Jahre. Der sichtbare Abbau der Buchenblätter beginnt damit, daß zwischen den Blattadern auf der Blattunterseite das weiche Gewebe von Collembolen und Oribatiden herausgenagt wird. Charakteristisch sind die zu findenden schwarzen Kotkrümel der Collembolen. In Bild 52 ist ein größerer Ausschnitt eines Buchenblattes dargestellt, der die Spuren der Collembolen noch deutlicher zeigt. Später entfalten auch kleinere Zweiflüglerlarven (Dipteren) ihre Tätigkeit. Auf den darunter liegenden stärker zersetzten Blättern sieht man die Spuren von Enchyträen als schwarze Kotreihen und des säuretoleranten Regenwurms *Dendrobaena octaedra* (Bild 51). Diese Würmer fressen hier den Mikrobenbelag, modernde Teilchen und Losungsreste anderer Tiere. Eine weitere Zerstörung der Blätter, die etwa vom dritten Jahr an erfolgt, setzt mehr mikrobielle Vorarbeit und feuchteres Mikroklima voraus. An vielen Stellen wird die Streu von Tipulidenlarven (Schnaken) gefressen. Nesterweise treten andere Zweiflüglerlarven auf. In zusammengeklebten Blattpaketen minieren Hornmilben. Die darunter liegende, 5 bis 7 Jahre alte

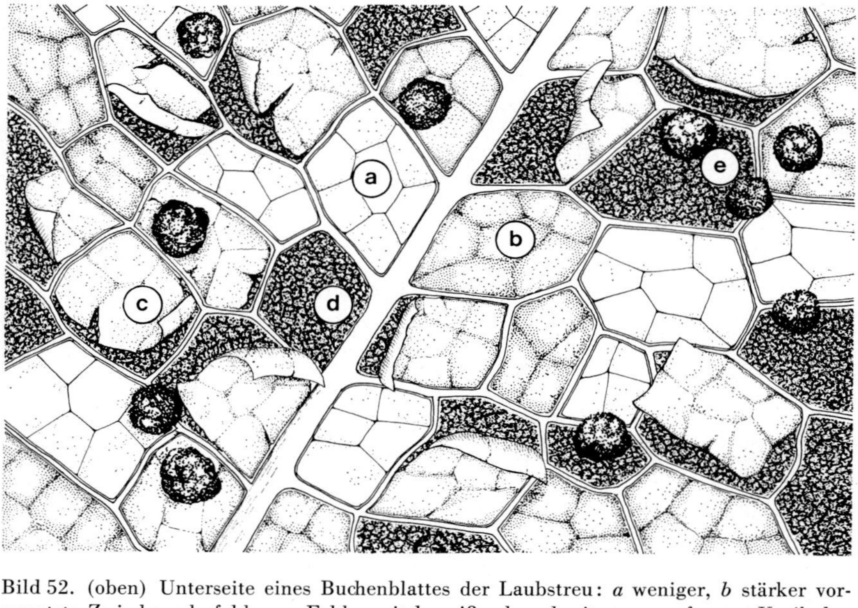

Bild 52. (oben) Unterseite eines Buchenblattes der Laubstreu: *a* weniger, *b* stärker vorzersetzte Zwischenaderfelder; *c* Felder mit losreißender, *d* mit ganz entfernter Kutikula; *e* Losungen oberflächenbewohnender Collembolen, die vom Blattgewebe fraßen (ZACHARIAE)

Bild 51. (links) Tierspuren in Buchenstreu und Humus, vereinfacht nach Streupräparaten und Dünnschliffen (ZACHARIAE)

Schicht besteht aus zerfallener Losung und kleinen Blattresten. Diese werden zum Teil noch von Enchyträen und streubewohnenden Regenwürmern verzehrt. Hier breiten sich die Baumwurzeln aus. Eine nennenswerte Einmischung der organischen Reste in den Mineralboden tritt nicht ein, da die größeren bodenwühlenden Regenwürmer, Mäuse und Maulwürfe keine Lebensmöglichkeiten haben.

Im Moder wird die Tätigkeit der größeren Bodentiere durch einen prozentual höheren Energieumsatz der Mesofauna zum Teil kompensiert, wie die Darstellung in Bild 53 zeigt. Insbesondere entfalten Collembolen und Oribatiden eine rege Tätigkeit. Deshalb besteht der Moder überwiegend aus Kotkrümeln dieser Tiere. Allerdings sind die Collembolen am Streuabbau wenig unmittelbar beteiligt. Sie fressen vor allem den Bakterienschleim, der verwesende Pflanzenreste umgibt, und zerbeißen Pilzhyphen, um den austretenden Saft aufzusaugen. Aus Bild 53 geht auch der Anteil anderer Tiergruppen am Energieumsatz hervor. So sind räuberische Formen im Fichten- und Buchenwald von größerer Bedeutung als unter Eichen und Grünland. Hingegen haben die Pflanzenfresser in allen Biotopen etwa den gleichen Anteil am Energieumsatz.

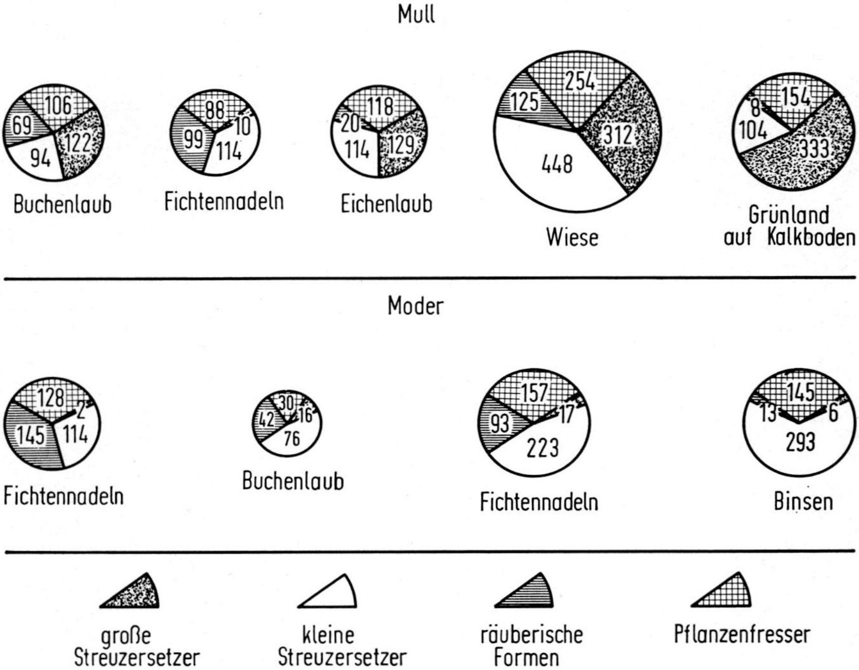

Bild 53. Anteil einzelner Tiergruppen am Energieumsatz in verschiedenen Biotopen. Zahlen: Energieverbrauch in Kkal/m²/Jahr (MacFadyen)

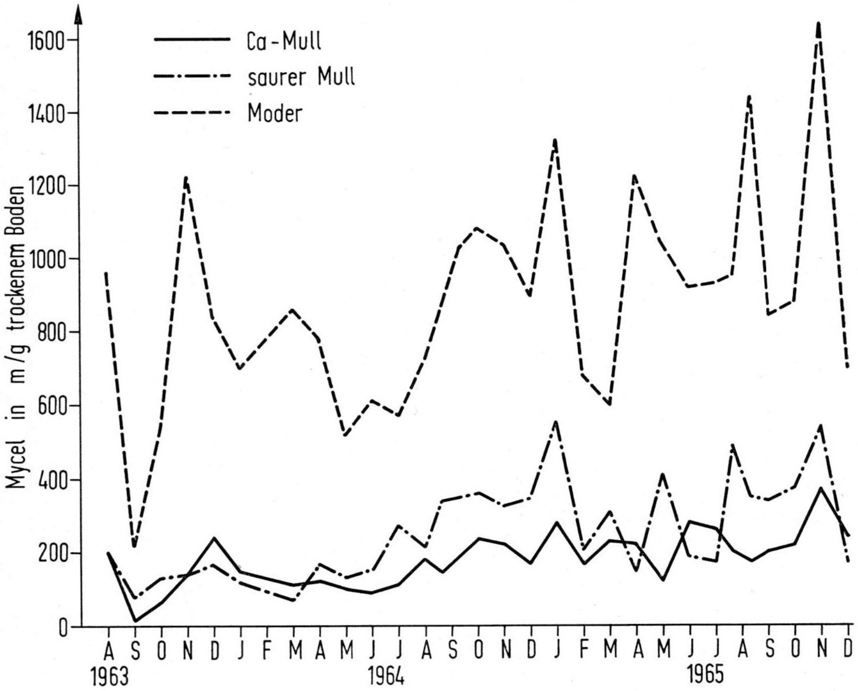

Bild 54. Mycelgehalt in der Streu verschiedener Böden im Wechsel der Jahreszeiten (Hendrika Maria Nagel de Boois u. Elisabeth Jansen)

Die Fauna des Rohhumus ist noch außerordentlich arten- und individuenärmer als die des Moders. Das resultiert einerseits aus der schweren Angreifbarkeit der Streu, andererseits aus dem sehr niedrigen pH-Wert. Zwischen den Pflanzenresten findet sich daher auch kaum Kleintierlosung. Da grabende und wühlende Bodentiere vollständig fehlen, besteht eine scharfe Grenze zwischen Humusschicht und mineralischem Boden.

Anteil der Bodenmikroflora

Während der wiederholten Passage durch den Tierdarm wird der Bestandsabfall immer mehr zerkleinert, ständig feucht gehalten und allmählich mit dem Mineralboden vermischt. Eine größere chemische Veränderung, insbesondere ein Abbau der Cellulose und des Lignins, die Hauptbestandteile alter abgestorbener Pflanzenteile sind, erfolgt dabei nicht. Die chemischen Umformungen werden überwiegend von Mikroorganismen durchgeführt. Diese finden mit der zunehmenden Oberflächenvergrößerung immer neue Angriffsflächen. Wenn die Tätigkeit der Bodenfauna künstlich ausgeschaltet wird, verringert sich die Abbauleistung der Mikroflora auf die Hälfte oder gar bis auf ein Fünftel. Die Tiere haben für den mikrobiellen Abbau auch insofern eine Bedeutung, als sie anhaftende Mikroorganismen verschleppen und dadurch in Kontakt mit den organischen Stoffen bringen. Der höhere Wassergehalt des zerkleinerten Materials verbessert zudem noch die Lebensbedingungen der Mikroben. Es entwickelt sich eine zymogene Mikroflora, die zunächst die wasserlöslichen Zellinhaltsstoffe, wie Aminosäuren und Zucker, abbaut. Dann folgen das Zelleiweiß und das die Mittellamellen der Zellwände bildende Pektin. Diese Stoffe können auch noch von den Tieren ohne Beteiligung der Mikroorganismen ausgenutzt werden. Weit widerstandsfähiger sind die Gerüstsubstanzen der Zellwände, Cellulose und Lignin. Diese Stoffe werden nur von Nahrungsspezialisten abgebaut. Zum Ligninabbau sind nach heutiger Kenntnis nur bestimmte Basidiomyceten befähigt. Im Mull werden, bis auf den Ligninabbau, die biochemischen Prozesse vorwiegend von Bakterien und Actinomyceten ausgeführt. Bei Moder auf silikatischem Ausgangsgestein und insbesondere im Rohhumus herrschen wegen des sauren pH-Wertes unter den Mikroorganismen die Pilze vor (Bild 54). Sie sind nicht in der Lage, die durch die Tiere nur wenig zerkleinerten organischen Massen vollständig abzubauen.

Die Bodenatmung

Nunmehr wollen wir uns mit der Tätigkeit der Bodenmikroflora näher befassen, weil unter allen Lebewesen den Mikroorganismen für die chemischen Veränderungen im Boden die größere Bedeutung zukommt. Der überwiegende Teil der Bodenmikroben gewinnt die zum Wachstum und zur Vermehrung notwendige Energie aus der Oxydation bzw. Veratmung organischer Stoffe.

Der Gesamtvorgang der Atmung entspricht summarisch einer Umkehrung

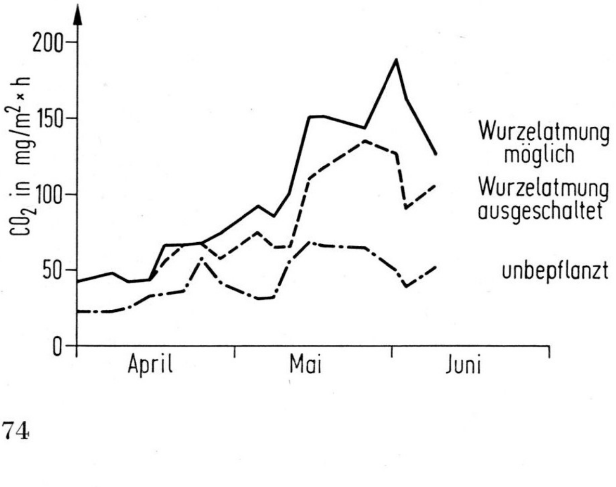

Bild 55. Bodenatmung in einem Ackerbohnenstand mit und ohne Ausschaltung der Wurzelatmung (MEYER u. SCHAFFER, nach KOEPF)

der Photosynthese. Zucker wird unter Sauerstoffverbrauch zu Kohlendioxid und Wasser bei gleichzeitiger Energieabgabe zerlegt. Die Gewinnung von chemisch verwertbarer Energie erfolgt bei den meisten pflanzlichen und tierischen Organismen über die gleichen biochemischen Umsetzungen. Zumeist geschieht der Abbau der Glucose „aerob“, das heißt unter Sauerstoffverbrauch. Daneben bauen eine ganze Reihe von Mikroorganismen organische Verbindungen auch in Abwesenheit von Sauerstoff, „anaerob“, ab. Für eine andere Gruppe von Mikroorganismen wirkt Sauerstoff sogar giftig. Diese werden als obligate Anaerobier den fakultativen Anaerobiern der erstgenannten Gruppe gegenübergestellt. Beim anaeroben Abbau, der auch als Gärung oder trivial als Fäulnis bezeichnet wird, tritt an die Stelle des Sauerstoffs ein anderer Akzeptor für den von der abzubauenden organischen Verbindung abgespaltenen Wasserstoff. Unter Ausschluß von Sauerstoff endet der Abbau bei organischen Verbindungen, häufig organischen Säuren mit zwei und drei Kohlenstoffatomen. Nach den verschiedenen Endprodukten spricht man von alkoholischer Gärung, Milchsäure-, Ameisensäure-, Propionsäure- und Buttersäuregärung.

Das im Boden bei Atmungsprozessen frei werdende Kohlendioxid entstammt zu etwa $^2/_3$ der Tätigkeit der Mikroorganismen, zu weniger als $^1/_3$ der Wurzelatmung, und der geringste Teil entfällt auf die Atmung der Bodentiere (Bild 55). Somit ist die Bodenatmung ein integrierender Ausdruck für die gesamte biologische Aktivität eines Bodens. Ihre Intensität hängt von dem Zusammenwirken zahlreicher Faktoren ab, als deren wichtigste zu nennen sind: Menge und Zusammensetzung der organischen Substanz, Durchlüftung, Wassergehalt, Temperatur, Bodenacidität (pH-Wert) und Mineralstoffgehalt. Die aerobe Mikroflora und die Bodenfauna stellen etwa die gleichen Ansprüche an die Bodeneigenschaften wie die Pflanzen. Aus diesem Grunde herrscht in fruchtbaren Böden stets eine hohe biologische Aktivität. Unter solchen Bedingungen werden die Pflanzen- und Tierreste von einer aeroben Mikroflora nahezu vollständig abgebaut, wobei als Endprodukte Kohlendioxid, Wasser, Ammonium, Sulfat sowie weitere Kationen und Anionen erscheinen. Der Abbau der organischen Materie bis zu den anorganischen Bestandteilen wird auch als Mineralisation bezeichnet.

Die biologische Aktivität unterliegt einem jahreszeitlichen Rhythmus, der durch Klima und Witterung bestimmt wird. Der Rhythmus spiegelt sich u. a. in den Schwankungen des Tier- und Bakterienbesatzes und der Bodenatmung wider. Wie die in Bild 56 dargestellten Untersuchungsergebnisse zeigen, wird der jahreszeitliche Rhythmus durch das Zusammenwirken wechselnder Temperatur- und Feuchtigkeitsverhältnisse beeinflußt. Im Waldboden mit ziemlich ausgeglichener Feuchte liegt das Minimum der Bodenatmung und Bakterienzahl im Winter, das Maximum im Sommer. Im Acker-

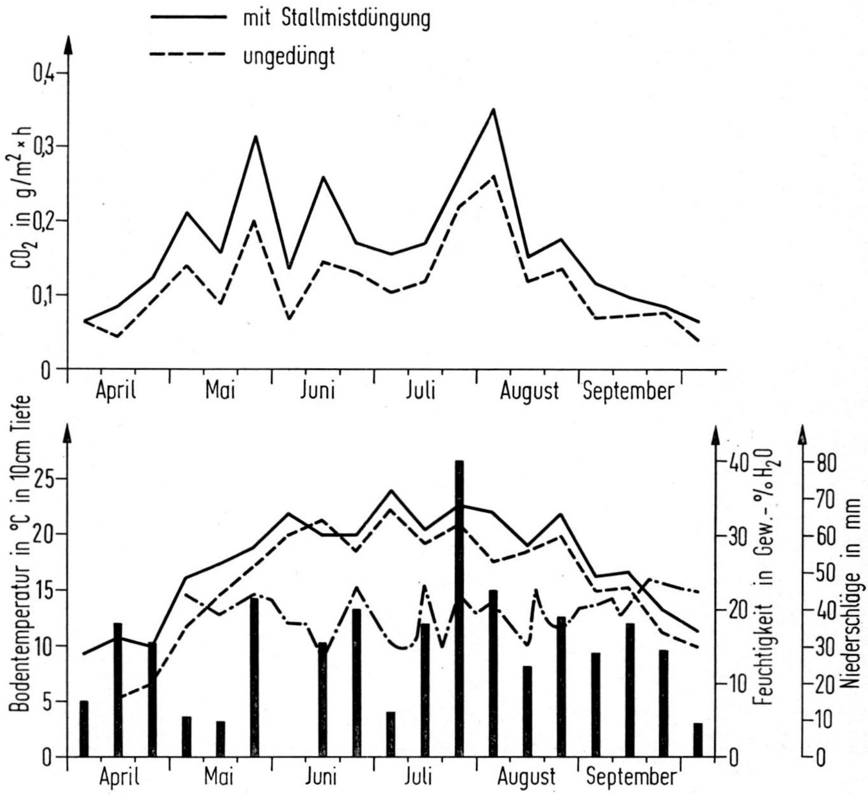

Bild 56. *oben:* Atmungskurve eines unbewachsenen Ackerbodens mit und ohne Stallmistdüngung; *unten:* Witterungsverlauf: Säulen = Niederschlagssumme je Dekade, —— = Bodentemperatur in 10 cm Tiefe der Stallmistparzelle, – – – = Bodentemperatur auf der ungedüngten Parzelle, –·–·– = Bodenfeuchte in Gew.-% H_2O (KOEPF)

land folgt nach einem Minimum im Winter ein Maximum im Frühjahr. Bedingt durch die zunehmende Trockenheit schließt sich ein Rückgang im Sommer an. Ein zweites kleineres Maximum tritt häufig im Herbst auf, wenn sich die Feuchtigkeitsverhältnisse wieder verbessern.

Vom Boden wird also ständig, wenn auch in wechselndem Maße, Kohlendioxid produziert und an die Atmosphäre abgegeben. Würde die Mineralisation unterbleiben, so wäre der CO_2-Vorrat der Luft (0,03 Vol.%) nach etwa 35 Jahren durch die Kohlendioxidassimilation der Pflanzen erschöpft. Ohne die mineralisierende Tätigkeit der Bodenmikroflora würden die photosynthetischen Organismen, also überwiegend die höheren Pflanzen, bald an Nährstoffmangel leiden und gewissermaßen „ersticken“, da sie in der Luft kein CO_2 mehr finden, das die einzige Quelle für den Aufbau aller organi-

Bild 57. Kreislauf des Kohlenstoffs in der Natur

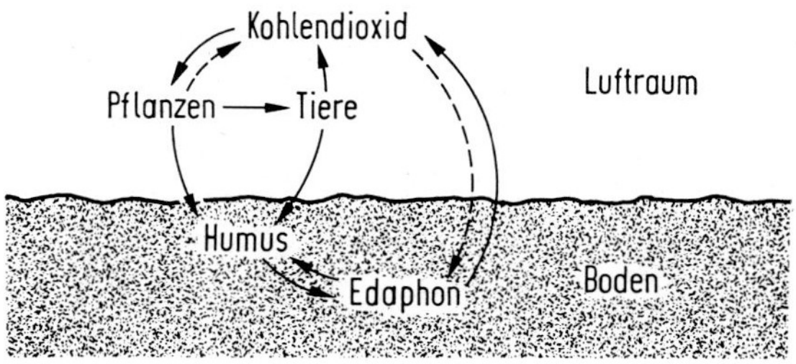

schen Verbindungen darstellt. Das in allen organischen Verbindungen häufigste Element unterliegt also in der Biosphäre – der belebten Schicht unserer Erde – einem ständigen Kreislauf (Bild 57). Der Kohlenstoff wird als Kohlendioxid der Luft von den grünen Pflanzen aufgenommen und im Verlauf der Photosynthese in organische Form überführt. Der Vollständigkeit halber sei erwähnt, daß auch Heterotrophe in geringerem Maße CO_2 in ihre Körpersubstanz chemisch einbauen. Doch ist dieser Vorgang für den Gesamtkreislauf des Kohlenstoffs von untergeordneter Bedeutung. Einen Teil des pflanzlichen Kohlenstoffs nehmen die Tiere als Nahrung auf. Bei der Atmung der Pflanzen und Tiere wird Kohlendioxid wieder in die Atmosphäre abgegeben. Die größte Menge des organischen Kohlenstoffs gelangt aber mit den Pflanzen- und Tierresten auf bzw. in den Boden. Hier fallen diese Stoffe als sog. Nährhumus der Zersetzung durch das Edaphon anheim, wobei der größte Teil des Kohlenstoffs als Kohlendioxid freigesetzt wird. Damit ist der Kreislauf geschlossen. Ein kleinerer Anteil der organischen Substanz wird indessen unter Mitwirkung der Bodenorganismen in dauerhafte dunkelgefärbte Huminstoffe überführt. Dieser Dauerhumus ist nur schwer zersetzbar und hat für die Verbesserung der Bodeneigenschaften eine überragende Bedeutung.

Abbau der einzelnen Stoffgruppen

Vegetationsreste, Tierexkremente und Tierleichen bestehen aus den unterschiedlichsten chemischen Verbindungen, die in einzelne Stoffgruppen eingeteilt werden. Die nachfolgende Tabelle 2 gibt die Zusammensetzung verschiedener Pflanzenteile und Tiere an.

Die stoffliche Zusammensetzung anderer Lebewesen oder Organismenreste kann sich u. U. wesentlich von den in der Tabelle angegebenen Werten unterscheiden. Mit zunehmendem Alter der Pflanzen nehmen die schwer abbaubaren Stoffe Cellulose und Lignin auf Kosten der übrigen ständig zu. Im Vergleich zu den dauerhaften Huminstoffen sind aber auch diese noch relativ leicht zersetzlich. Die an dem Abbau von Pflanzen- und Tierresten

Tabelle 2 Zusammensetzung verschiedener Pflanzenteile und Tiere in % der Trockensubstanz (nach versch. Autoren)

	wasserlösliche Stoffe	Rohprotein	Cellulose	Hemicellulose	Stärke	Lignin	Asche	in org. Lösungsmitteln löslich
Winterweizenstroh	2,1	2,4	36,1	31,3	0	17,9	9,5	0
Kiefernnadeln		7,0	27,6	12,7	0	15,0		24,5
Kleeblätter		21,7	15,4	8,1	3,0	4,3		23,1

	Rohprotein	Rohfett	N-freie Extraktstoffe	Rohfaser	Rohasche
Regenwürmer	42,4	3,6	15,2	0,9	38,0 *
Maikäfer	50,0	9,0	0	32,0	10,0

* zum größten Teil aus anorganischen Bodenteilchen bestehender Darminhalt

beteiligten Mikroorganismen werden unter dem Begriff „zymogene Mikroflora“ zusammengefaßt und von der „autochthonen Mikroflora“ unterschieden, die an den Umsetzungen der Huminstoffe teilnimmt. Die Zahl der zymogenen Mikroorganismen unterliegt je nach der anfallenden Menge abbaubarer organischer Stoffe großen Schwankungen.

Die wasserlöslichen Stoffe, hauptsächlich Zucker und organische Säuren einschließlich Aminosäuren, werden von den meisten Mikroorganismen verwertet. Unter aeroben Bedingungen werden sie von einer Mischflora in Wasser, Kohlendioxid und Ammoniak zerlegt, bis auf den Teil, der zum Aufbau der Mikroorganismensubstanz verwendet wird. Mit Reinkulturen tritt dagegen selten ein restloser Abbau ein. Beim unvollständigen Abbau von Zuckern häufen sich Milchsäure, Essigsäure, Bernsteinsäure und Fumarsäure an. Die unter Sauerstoffausschluß von Clostridien und Hefen durchgeführte Gärung läßt neben diesen Säuren zum Teil noch Alkohol, Wasserstoff und Methan (Sumpfgas) entstehen. Alle diese Zwischenprodukte können von bestimmten Mikroorganismen weiter verwertet werden.

Ähnlich wie die Gesamtkohlensäureproduktion des Bodens von zahlreichen Faktoren beeinflußt wird, so sind auch die zu ihr beisteuernden Abbauprozesse von diesen Faktoren abhängig. Unter anderem ist für den Abbau der organischen Stoffe die Anwesenheit bestimmter Mineralstoffe (Stickstoff, Phosphor, Schwefel, Kalium, Magnesium) erforderlich, die, falls sie nicht in der abzubauenden Substanz selbst enthalten sind, aus der Umgebung entnommen werden müssen. Wenn junge Pflanzenteile der Zersetzung anheimfallen, stellen die Mineralstoffe keinen begrenzenden Faktor dar. Ältere Pflanzenteile, wie Fallaub, Stroh und Holz, die überwiegend aus Hemicellulosen, Cellulose und Lignin bestehen, enthalten jedoch nur geringe Mengen dieser Elemente. Gelangen solche Materialien in den Boden, so wird ihr Abbau verzögert, wenn die daran beteiligten Organismen nicht auf genügende Mengen bodenbürtiger Mineralstoffe zurückgreifen können. Die dem Boden entzogenen Mineralstoffe werden in den Mikroorganismen vorübergehend festgelegt (immobilisiert) und sind dann für die Pflanzen unaufnehmbar. Vor allem wird davon der mineralische Stickstoff betroffen. Die Folge können bei den Pflanzen Mangelerscheinungen und Wachstumsstockungen sein. Als Maß für die zum Abbau einer organischen Substanz erforderliche Menge eines Mineralstoffes wird das Kohlenstoff/Mineralstoff-Verhältnis angeführt. Es gibt an, auf wieviel Kohlenstoffteile der abzubauenden organischen Verbindung ein Teil des Mineralelements bei einem ungehinderten Abbau kommen muß. Für den raschen Abbau des Monosaccharids Glucose sind folgende Kohlenstoff/Mineralstoff-Verhältnisse erforderlich:

$$
\begin{aligned}
C:N &= 15:1\\
C:P &= 28-55:1\\
C:S &= 34-340:1\\
C:K &= 14-140:1\\
C:Mg &= 150-740:1
\end{aligned}
$$

Wie sich Mangel, optimales Angebot und zu hohe Stickstoffgabe auf den mikrobiellen Abbau von Glucose auswirken, ist in Bild 58 dargestellt. Für den Abbau verschiedener organischer Stoffe können die optimalen Kohlenstoff/Mineralstoff-Verhältnisse unterschiedlich sein. Für den Celluloseabbau gilt ein C : N-Verhältnis von 30 : 1 als optimal. Für den Abbau der organischen Stoffe im Boden spielt auch die Zusammensetzung der Tonfraktion eine Rolle. Durch Sorption von Enzymen an die Tonminerale kann der Abbau verringert werden. Allerdings ist gerade hinsichtlich des Glucoseabbaus eine Förderung durch bestimmte Tonminerale (Bentonit) festgestellt worden, während andere (Kaolinit) den Abbau nicht beeinflußten.

Als Hemicellulosen faßt man eine Gruppe von wasserunlöslichen Polysacchariden zusammen, die sich jeweils aus 40 – 200 Monosaccharidmolekülen aufbauen. Bekannte Hemicellulosen sind Xylan, Mannan und Galaktan. Die

Hemicellulose des Getreidestrohs, das Xylan, baut sich überwiegend aus Xyloseresten auf. Eine bei mikrobiologischen Arbeiten verwendete Hemicellulose ist Agar-Agar. Diese Substanz besteht aus Galactoseresten und wird aus bestimmten Rotalgen gewonnen, die im Meer vorkommen. Mikrobiologische Nährböden, denen 1 – 2% Agar zugesetzt werden, gehen nach der Hitzesterilisation beim Abkühlen in einen gelartigen festen Zustand über. Für die systematische Einteilung der Mikroorganismen ist die Verflüssigung des Agars ein wichtiges Kennzeichen. Sie wird durch ein Enzym hervorgerufen, das von den agarverflüssigenden Organismen ausgeschieden wird. Das Enzym spaltet die wasserunlöslichen Agarmoleküle in kleinere wasserlösliche Bruchstücke, die von den Mikrobenzellen aufgenommen und verwertet werden.

Auch alle anderen unlöslichen organischen Verbindungen müssen durch Enzyme erst „vorverdaut" werden. Bei den Hemicellulosen werden sie unter dem Sammelbegriff Hemicellulasen zusammengefaßt. Hemicellulosen sind leichter verwertbar als Cellulose. An ihrem Abbau beteiligen sich aerobe und anaerobe Bakterien, Actinomyceten und Pilze. Sie kommen in den pflanzlichen Zellwänden in Gesellschaft der Cellulose vor und machen einen großen Teil der anfallenden Vegetationsreste aus. Ihre Gegenwart bewirkt auch einen schnelleren Celluloseabbau.

Mit dem herbstlichen Laubfall und dem nach der Getreideernte anfallenden Stroh werden dem Boden beträchtliche Mengen an Cellulose zugeführt. Die

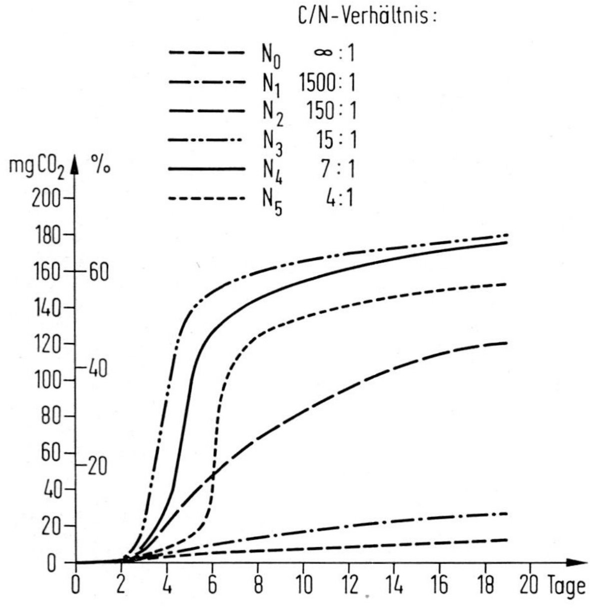

Bild 58. Glucoseabbau bei variiertem Stickstoffangebot

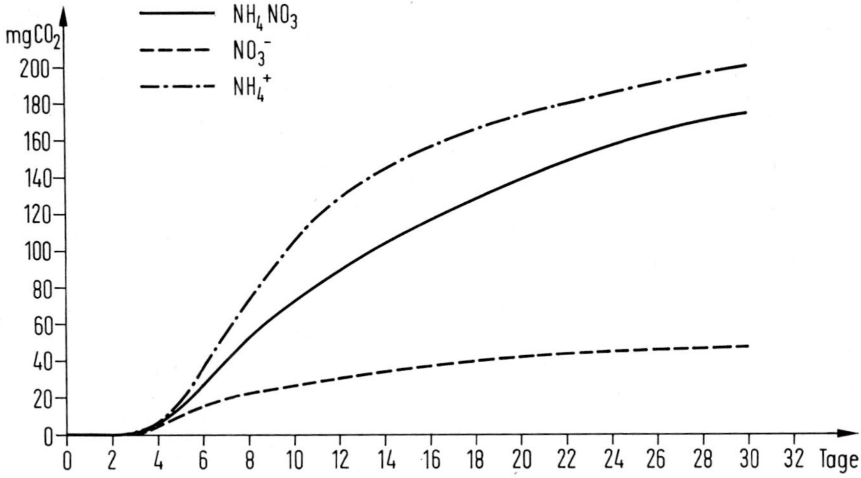

Bild 59. Celluloseabbau mit verschiedenen Stickstoff-Formen bei neutralem pH-Wert

Cellulose ist das widerstandsfähigste Kohlenhydrat. Sie besteht aus 1400 bis 10 000 kettenförmig aneinandergereihten Glucoseresten:

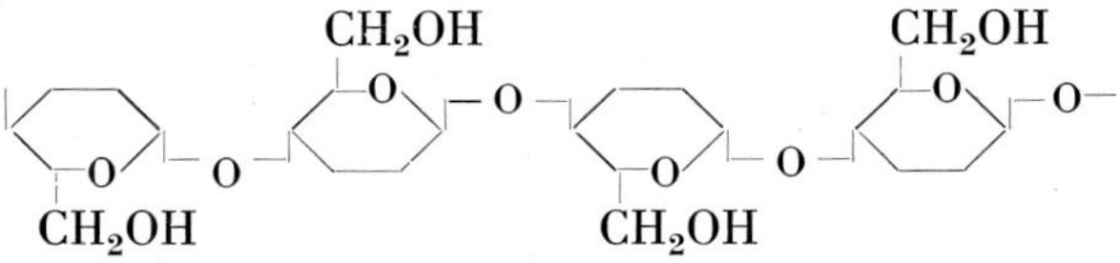

Cellulose ist das wichtigste Baumaterial der pflanzlichen Zellwände. Besonders reich an ihr sind die Zellwände verholzter Pflanzenteile. Der Abbau der Cellulose, auch als Cellulolyse bezeichnet, erfolgt relativ langsam und wird durch das in den verholzten Pflanzenteilen stets anwesende Lignin noch weiter erschwert. Das Lignin ist nämlich den Cellulosefasern aufgelagert und verwehrt den Mikroorganismen den Zugang zur Cellulose. Nur wenn die Trockensubstanz cellulosehaltiger Stoffe 1,3 – 1,8% Stickstoff enthält, kann die Cellulose ungehemmt abgebaut werden. In alten abgestorbenen Pflanzenteilen ist aber weniger Stickstoff vorhanden, so daß die Mikroorganismen auf den Bodenstickstoff angewiesen sind. Außer von dem C : N-Verhältnis wird die Abbauintensität auch von der Stickstoff-Form beeinflußt. Wie Bild 59 zeigt, verläuft die Mineralisation von Cellulose, dargestellt an der CO_2-Freisetzung mit Ammonium-Stickstoff (NH_4), schneller als mit Nitrat-Stickstoff (NO_3). Der Grund liegt darin, daß NH_4 über einen relativ einfachen, als „reduktive Aminierung“ bezeichneten Vorgang in eine organische Verbindung eingebaut wird. NO_3 muß dagegen erst bis zur NH_3-Stufe reduziert werden, bevor der Stickstoff assimiliert werden kann.

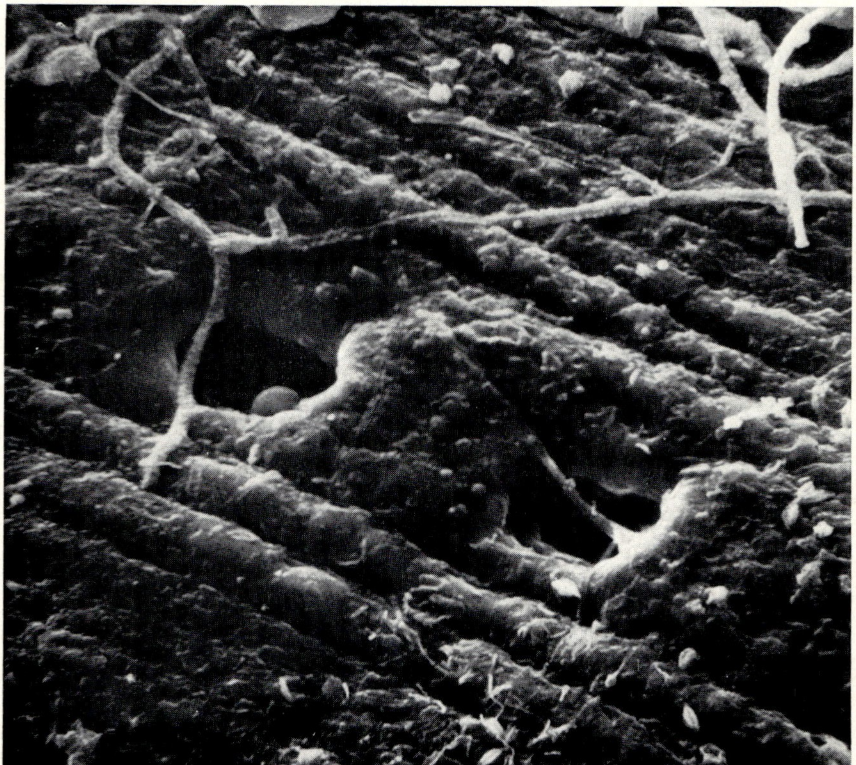

Gemäß den herrschenden ökologischen Bedingungen sind an der Cellulolyse die verschiedensten Organismengruppen beteiligt. Bei Sauerstoffzutritt und neutraler Reaktion führen bestimmte Bakterien, Actinomyceten und Pilze den Celluloseabbau durch. Von den Bakterien rechnen besonders Myxobakterien, wie *Cytophaga, Sporocytophaga* und *Polyangium* sowie andere Bakterien, wie *Cellulomonas, Cellvibrio* und *Cellfalcicula,* zu den Cellulosezersetzern. Im sauren Boden wird der Abbau ausschließlich von Pilzen vollzogen. Unter den Ascomyceten und den Fungi imperfecti finden sich Cellulosezersetzer u. a. bei den Gattungen *Aspergillus, Chaetomium, Curvularia, Fusarium, Memnoniella, Phoma, Thielavia* und *Trichoderma.*

An der Zersetzung der in der Laubstreu des Waldbodens (Bilder 60 und 61) und im Holz enthaltenen Cellulose sind viele Basidiomyceten beteiligt. Sie gehören fast alle zu den Blätterpilzen. In Kompost- und Dunghaufen, in denen aufgrund intensiver Zersetzungsvorgänge eine Erwärmung stattfindet, spielen bei Temperaturen zwischen 45 und 65° für den Celluloseabbau auch thermophile Bakterien und Pilze eine Rolle. Unter Luftabschluß wird Cellulose von den anaerob lebenden Clostridien abgebaut. Die Cellulolyse findet jedoch unter anaeroben Verhältnissen langsamer und weniger vollständig statt. Es treten Alkohol, organische Säuren, Kohlendioxid, Wasserstoff und Methan auf. Zur Cellulolyse sind nur solche Mikroben befähigt, die in Gegenwart von Cellulose Cellulasen produzieren und mit deren Hilfe die langen Cellulosemoleküle in kürzere wasserlösliche Bruchstücke spalten. Bei den Cellulasen handelt es sich um sog. adaptive Enzyme, die nur gebildet werden, wenn Cellulose vorhanden ist.

Cellulasen, Hemicellulasen und viele andere Enzyme können von manchen Tonmineralen adsorbiert und damit inaktiviert werden. Dadurch wird der Abbau der betreffenden Substrate gehemmt.

Lignin oder Holzstoff ist in jungen Pflanzenteilen nur in geringer Menge vorhanden (Tabelle 2). Im Holz kann sein Anteil an der Trockensubstanz aber bis zu 30% steigen. Die Grundbausteine sind Phenylpropanderivate, die aus einem Phenolkern und einer Propangruppe als Seitenkette bestehen. Die beiden wichtigsten sind Coniferylaldehyd und Sinapinalkohol:

Bild 60. (oben) Blatt aus der Laubstreu, das von Pilzhyphen besiedelt wird

Bild 61. (links) Teil der Oberfläche einer Kiefernnadel, die aus der Streu stammt. In der Mitte zwei Spaltöffnungen, im oberen Teil Pilzhyphen. Rasterelektronenmikroskopische Aufnahme (Gray)

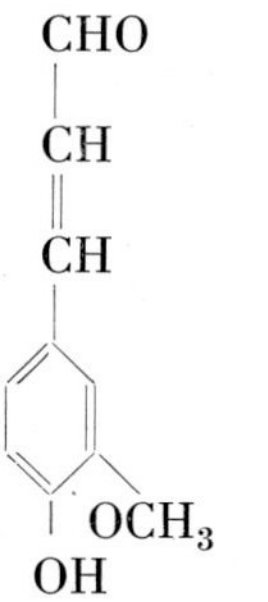

Coniferylaldehyd

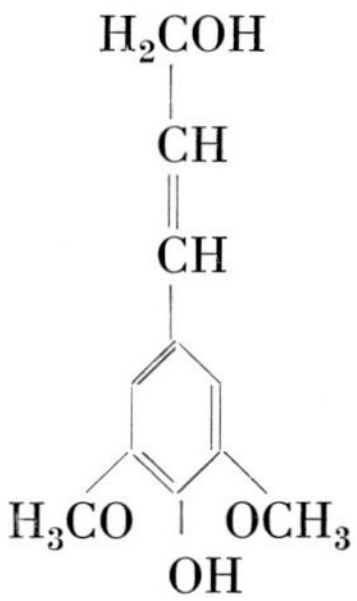

Sinapinalkohol

Das Lignin verschiedener Pflanzen weist chemische Unterschiede auf, die sich in ihrer Widerstandsfähigkeit gegen den mikrobiellen Abbau widerspiegeln. Beispielsweise ist das Lignin von Luzerne, Hafer und Mais leichter zersetzlich als das von Weizen und Roggen sowie das der Blätter und Nadeln der Bäume. Unter anaeroben Bedingungen wird Lignin praktisch nicht abgebaut. Der Ligninabbau erfolgt zunächst durch extrazellulär wirksame Phenoloxydasen, die den Abbau der Seitenketten zu einer Carboxylgruppe ($-COOH$) und die Abspaltung von Methoxylgruppen ($-OCH_3$) unter Zurücklassen von Hydroxylgruppen ($-OH$) katalysieren. Als Zwischenprodukte treten Vanillinsäure und Syringasäure auf, zwei ebenfalls phenolische Verbindungen. Der Abbau des Phenolringes ist noch nicht restlos geklärt. Auf die Bedeutung des Lignins als der wichtigsten Ausgangsverbindung der Huminstoffe wird noch zurückzukommen sein.
Wenn auch die Teilnahme bestimmter Bakterien am Ligninabbau nicht ausgeschlossen wird, so spielen sie doch im allgemeinen keine Rolle. Hauptsächlich sind für den Ligninabbau höhere Pilze (Basidiomyceten) verantwortlich. In Wäldern geben sie sich schon makroskopisch an ihren Fruchtkörpern zu erkennen. Zu den Ligninzersetzern der Waldstreu gehören Ritterlinge *(Tricholoma)*, Schwindlinge *(Marasmius)*, Knäuling *(Panus)*, die Ziegenlippe *(Xerocomus subtomentosus)*, der falsche Pfifferling *(Hygrophoropsis aurantiaca)*, Tintlinge *(Coprinus)*, Korallenpilze *(Clavaria)* u. a. Unter den holzzerstörenden Pilzen sind die Weißfäuleerreger ebenfalls Ligninzersetzer. Zu diesen Baumparasiten gehören Hallimasch *(Armillariella mellea)*, Zunderschwamm *(Fomes)*, Lackporlinge *(Ganoderma)*, Tramete *(Trametes)*, Seitling *(Pleurotus)*, Porling *(Polyporus)*, Porenschwamm *(Poria)*, Schichtpilz *(Stereum)* u.a.m. Wie die meisten saprophytischen Ligninzersetzer bauen die parasitischen Weißfäuleerreger sowohl Lignin als auch Cellulose ab. Hingegen verwerten Rotfäuleerreger ausschließlich Cellulose. Das zersetzte Holz nimmt allmählich die braunrote Farbe des übrigbleibenden Lignins an. Solche Pilze sind z. B. Sägeblättling *(Lentinus)*, Schwefelporling *(Laeti-*

Bild 62. Junger Fruchtkörper des Zungenporlings *(Piptoporus betulinus)*. Wichtiger Parasit an Birken; bewirkt starke Rotfäule

porus), Baumschwamm *(Fomitopsis)*, Zungenporling *(Piptoporus*, Bild 62) und Glucke *(Sparassis)*. Über das Vorkommen ligninzersetzender Basidiomyceten in Ackerböden weiß man sehr wenig. Anscheinend sind in ihnen andere Pilze am Ligninabbau maßgeblich beteiligt. Jedenfalls ist von einigen aus Weizenböden isolierten Pilzen, einem Ascomyceten *(Chaetomium piluliferum)* und zwei Fungi imperfecti *(Mammaria echinobotryoides* und *Hormiactis candida)*, ein intensiver Lignin- und Celluloseabbau des Strohs nachgewiesen worden.

Als weitere schwer zersetzliche Stoffe sind ferner noch Fette, Öle, Wachse und Harze zu nennen. Sie kommen aber nur in geringeren Mengen vor. Deswegen soll auf die Besprechung ihres Abbaus verzichtet werden.

Dagegen ist der Protein- oder Eiweißabbau außerordentlich bedeutsam, schon allein deshalb, weil durch ihn ein großer Teil des organisch gebundenen Stickstoffs wieder mineralisiert wird. Proteinreich sind besonders die jungen Pflanzenorgane und die Tiere (Tabelle 2). Die Proteine sind wesentlicher Bestandteil des Protoplasmas der Zellen. Sie bestehen aus langen Ketten von Aminosäureresten. Die einzelnen Aminosäuren sind durch Peptidbindungen aneinandergekoppelt, wobei die Carboxylgruppe ($-COOH$) der einen Aminosäure mit der Aminogruppe ($-NH_2$) der anderen verbunden ist. Am Proteinabbau, der Proteolyse, ist eine wenig spezialisierte Mikroflora beteiligt. Den proteolytischen Mikroorganismen dienen die Proteine als Kohlenstoff- und Stickstoffquelle. Da die Mikroorganismen aber nicht allen in den

Proteinen enthaltenen Stickstoff verbrauchen, werden 50 – 80% als Ammonium (NH_4) freigesetzt. Die Mineralisierung von Ammonium aus organischen Verbindungen wird auch als Ammonifikation bezeichnet. 1 g fruchtbaren Bodens enthält mehr als 10^7 Ammonifikanten. Diese Mikroben sondern eiweißspaltende Enzyme, genannt Proteasen, ab. Die Proteasen spalten die Peptidbindungen, wobei zuerst Polypeptide und dann Aminosäuren entstehen:

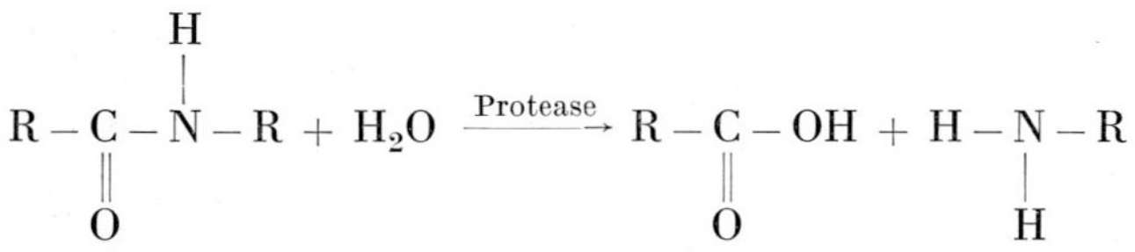

Peptidbindung

(R = organische Radikale)

Erst die Aminosäurebausteine können von den Mikroorganismen aufgenommen werden. Die im Verlauf der Proteolyse entstandenen freien Aminosäuren werden durch „oxydative Desaminierung" zu α-Ketosäuren. Die oxydative Desaminierung stellt eine Umkehrung der erwähnten reduktiven Aminierung dar. Der Vorgang wird von bestimmten Dehydrogenasen katalysiert:

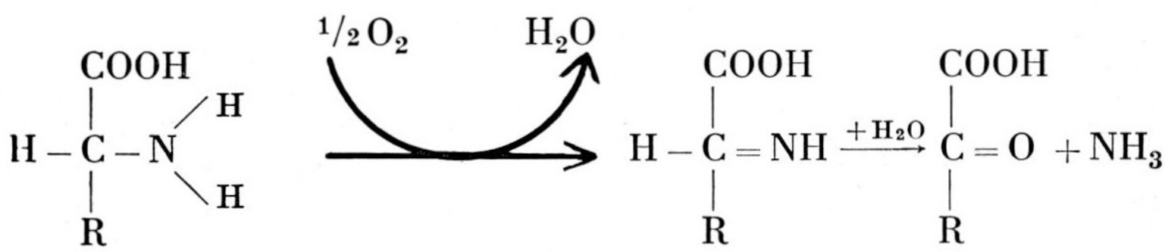

Aminosäure

α-Ketosäure

Die anfallenden α-Ketosäuren unterliegen entweder dem vollständigen Abbau zu CO_2 und H_2O und tragen somit zur Energiegewinnung bei, oder sie dienen als Ausgangsverbindungen für die Synthese verschiedener Zellverbindungen. Beim Abbau schwefelhaltiger Aminosäuren wird außerdem noch Sulfat freigesetzt. Unter anaeroben Bedingungen werden außer Ammoniak und Kohlendioxid noch Indol, Skatol, Merkaptan und Schwefelwasserstoff gebildet.

Die Befähigung zur Proteolyse ist ein wichtiges Einteilungsmerkmal der Mikroorganismen und wird anhand der Verwertung von Casein und der Verflüssigung von Gelatine – zwei Eiweißstoffen – geprüft. Reich an organischem Stickstoff sind auch die Zellkerne. Die in ihnen enthaltenen Proteide setzen sich aus Eiweißen und Nukleinsäuren zusammen. Neben Ammoniak wird aus den Proteiden auch Harnstoffstickstoff freigesetzt. Harnstoff ist außerdem das Endprodukt des N-Stoffwechsels vieler Tiere. Er wird

über einen zyklischen Reaktionsablauf, den Ornithinzyklus, gebildet. In diesen Zyklus treten die beiden Stickstoffverbindungen Karbamylphosphat und Asparaginsäure ein. Gebildet werden aus ihnen die N-Ausscheidungsform Harnstoff und Fumarsäure.
Schließlich sei noch das Chitin erwähnt, das mit abgestorbenen Arthropoden dem Boden zugeführt wird, aber auch in den Zellwänden zahlreicher Pilze enthalten ist. Chitin besteht aus Aminozuckern und hat ein enges C : N-Verhältnis. Dadurch wird bei seinem Abbau Stickstoff mineralisiert. Chitin wird bevorzugt von Actinomyceten und Phycomyceten angegriffen.
Auf ökologische Gesichtspunkte der Stickstoffmineralisation wird noch später bei der Besprechung der Stickstoffumsetzungen im Boden eingegangen.

Bedeutung von Humus und Edaphon für die Bodenfruchtbarkeit

Entstehung der Huminstoffe

Alle organischen Reste, die auf und in den Boden gelangen und den Umwandlungsprozessen durch das Edaphon ausgesetzt sind, werden gemeinhin als Humus bezeichnet. Humus ist also ein sehr umfassender Begriff. Wenn man in die Natur der verschiedenen Umwandlungsprodukte tiefer eindringen will, muß man die einzelnen Stoffgruppen weiter untergliedern. Zunächst werden Nichthuminstoffe und Huminstoffe unterschieden. Als Nichthuminstoffe sind die im letzten Abschnitt besprochenen organischen Stoffe pflanzlicher und tierischer Herkunft anzusehen. Aus den Zwischenprodukten des Abbaus, den Zuckern, Aminosäuren und einfachen phenolischen Verbindungen entstehen unter Beteiligung des Edaphons allmählich die dauerhaften bodeneigenen Huminstoffe. Die Ab- und Umbauprozesse werden vom Landwirt und Gärtner als Rotte bezeichnet. Äußerlich ist die Humifizierung im Verlauf der Rotte an der fortschreitenden Dunklung des Materials zu erkennen. Die Entstehungsweise der Huminstoffe ist, trotz intensiver Forschung, bisher nur unvollkommen bekannt. Schon die Farbstoffe mancher Mikroorganismen, z. B. von *Azotobacter*, Actinomyceten und *Aspergillus*, haben Huminstoffcharakter. Zur Bildung von Huminstoffen kommt es aber auch in alternden Mikrobenzellen, in denen der Stoffwechsel nicht mehr normal verläuft. Bei den dann eintretenden, als Autolyse bezeichneten Vorgängen reagieren u. a. Kohlenhydratspaltprodukte mit Eiweißspaltstücken, wobei huminstoffartige Verbindungen entstehen. Wichtigstes Ausgangsmaterial scheint aber neben einigen anderen aromatischen Verbindungen das Lignin zu sein. Die beim mikrobiellen Abbau entstehenden Spaltprodukte werden durch bestimmte Enzyme der ligninzersetzenden Pilze, die Polyphenoloxydasen, oxydiert und polymerisiert. Durch weitere, wohl rein chemische Vorgänge entstehen dann die hochmolekularen dunklen Huminstoffe. Durch ihre Anlagerung an mineralische Bodenteilchen entstehen die stabilsten Produkte, die Ton-Humuskomplexe. Die Huminstoffe des Bodens zeichnen sich immer durch einen gewissen Gehalt an Stickstoff aus, der aus dem Eiweiß stammt. Der Aminostickstoff wird an Phenolkerne angelagert sowie in organische Ringverbindungen überführt. Der in den Huminstoffen festgelegte Stickstoff ist das eigentliche Stickstoffreservoir des Bodens. Dieser Stickstoff wird nur allmählich mineralisiert und dabei den Pflanzen zugänglich gemacht.

Einteilung und Eigenschaften der Huminstoffe

Die Huminstoffe werden nach ihrem Verhalten gegenüber verschiedenen Lösungsmitteln in Fulvosäuren, Huminsäuren und Humine unterteilt. Wasserlöslich sind die niedermolekularen Fulvosäuren. Sie entstehen besonders in Böden geringer biologischer Aktivität und sind daher in Podsolen stark vertreten. Unlöslich in Wasser sind die hochpolymeren Huminsäuren und von ihren Salzen diejenigen mit mehrwertigen Kationen (Calcium, Magnesium, Eisen und Aluminium). Man unterscheidet bei den Huminsäuren die alkohollöslichen Hymatomelansäuren und die nicht in Alkohol, aber in alkalischen Lösungsmitteln löslichen Braun- und Grauhuminsäuren. Mit steigender Humifizierung nimmt der Anteil der Grauhuminsäuren zu.
Bei der günstigsten Humusform natürlicher Standorte, dem Mull, und in fruchtbaren Ackerböden sind die Huminstoffe innig mit den Tonteilchen vermengt. Die Bildung dieser sog. Ton-Humus-Komplexe wird um so mehr gefördert, je reger das Bodenleben ist. Die Ton-Humus-Komplexe setzen dem mikrobiellen Angriff einen starken Widerstand entgegen. Über die mikrobielle Zersetzung der Huminstoffe ist bisher sehr wenig bekannt. An ihrem sehr langsamen Abbau sollen die autochthonen Bakterien, wie Pseudomonaden, Arthrobakterien, Mycobakterien, Nocardien und Streptomyceten sowie einige Pilze beteiligt sein.

Bedeutung von Humus und Edaphon für die Bodenstruktur

Humusgehalt und biologische Aktivität wirken sich in vielfältiger Hinsicht günstig auf die physikalischen und chemischen Eigenschaften des Bodens aus. Sie sind daher im Hinblick auf die Ertragsfähigkeit bzw. die Bodenfruchtbarkeit von großer Bedeutung.
Eine wichtige physikalische Eigenschaft ist die Bodenstruktur. Sie bestimmt den Wasser- und Lufthaushalt des Bodens. Am günstigsten für das Pflanzenwachstum ist eine Bodenstruktur, bei der 50% des Gesamtvolumens von

Poren eingenommen werden. Von diesen sollten möglichst 20% mit Luft gefüllte Grobporen und 30% feinere, mit Wasser gefüllte Poren sein. Solche optimale Hohlraumverteilung herrscht nur in Böden hoher biologischer Aktivität mit gutem Humushaushalt. In derartigen Böden liegen die einzelnen Mineralteilchen nicht lose nebeneinander wie in Sandböden oder verkleben völlig miteinander wie in feuchten Tonböden, sie sind vielmehr durch Humussubstanzen und Mikroorganismen zu rundlichen Aggregaten von 0,3 bis 10 mm Durchmesser verkittet. Diese Form der Aggregate wird als Krümel bezeichnet. Ein Boden mit guter Krümelstruktur ist locker, gut durchlüftet und durchfeuchtet. Er bietet den Pflanzen optimale Wachstumsbedingungen. Die Krümelstruktur ist Merkmal einer ausgezeichneten Bodengare. Sie kommt dadurch zustande, daß organische Stoffe mit den Tonmineralen organo-mineralische Komplexe eingehen. In den biologisch besonders aktiven Schwarzerden liegen etwa 85% der organischen Substanz in organomineralischen Verbindungen vor, in anderen Böden sind es immerhin noch wenigstens 50%. Schon viele, beim Abbau von Pflanzen- und Tierresten auftretende organische Stoffe gehen solche Verbindungen ein. Für die Aggregatstabilität von größerer Bedeutung sind die Komplexe zwischen Tonmineralen und mikrobiell gebildeten Schleimstoffen. Diese bestehen hauptsächlich aus Polysacchariden, die die einzelnen Tonteilchen verkleben. Ähnlich wirken die von Regenwürmern und Schnecken abgesonderten Sekrete. Die von Mikroorganismen verursachte Krümelbildung wird als Lebendverbauung bezeichnet. Zu ihr trägt auch das Geflecht der Pilze bei, das den Bodenpartikeln einen zusätzlichen mechanischen Zusammenhalt verleiht. Außerordentlich intensiv werden organische Substanzen mit den anorganischen Partikeln im Darm der Regenwürmer und anderer Bodenwühler vermischt, wobei die Bildung der Ton-Humus-Komplexe stark gefördert wird. Die Kotaggregate der Regenwürmer, die zum Teil an der Erdoberfläche als charakteristische Häufchen abgelagert werden, weisen eine hohe Stabilität auf (Bild 63). Das Trockengewicht der auf und im Boden ausgeschiedenen Regenwurmlosung wird auf 10 – 90 Tonnen pro ha und Jahr geschätzt. Daraus folgt, daß der gesamte Oberboden (die obersten 10 cm) in 11 bis 80 Jahren den Regenwurmdarm passiert. Regenwürmer verbessern die Bodenstruktur auch insofern, als die von ihnen hinterlassenen dauerhaften Gänge einen hohen Prozentsatz der groben luftführenden Poren ausmachen, die, wenn sie im durchlässigen Unterboden enden, außerdem für eine schnelle Ableitung überschüssigen Wassers sorgen.

Die stabilisierende Wirkung mikrobieller Schleimstoffe ist nur eine vorübergehende, da sie von anderen Mikroorganismen wieder abgebaut werden. Durch Lebendverbauung gebildete Aggregate sind nach dem Absterben der Mikroben nicht mehr beständig. In den Kothäufchen der Regenwürmer ver-

Bild 63. Exkrementhäufchen eines Regenwurms (ZEIDLER)

mehren sich die Mikroorganismen anfangs rasch. Dadurch nimmt deren Stabilität zu; mit dem dann beginnenden Nachlassen der mikrobiologischen Aktivität vermindert sich auch die Stabilität (Bild 64). Die biologisch bedingte Aggregatstabilität läßt sich deshalb nur aufrechterhalten, wenn dem Boden immer wieder abbaubare Stoffe als Bestandsabfall oder organische Düngung zugeführt werden. Die verschiedenen bodenverbessernden Eigenschaften der organischen Stoffe haben für leichte und schwere Böden unterschiedliche Bedeutung. Für leichte Sandböden ist die Verbesserung des Wasserhaltevermögens und die Erhöhung der Fähigkeit, Nährstoffkationen zu binden, wichtiger, für schwere Tonböden die Vermehrung der

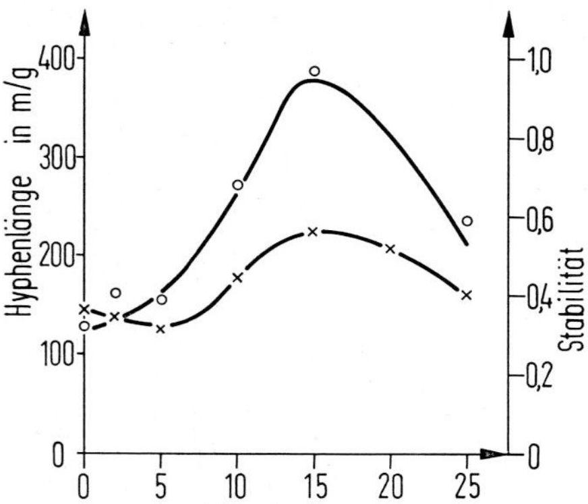

Bild 64. Pilzhyphenlänge und Aggregatstabilität in alternden Regenwurmexkrementen. –o–o– Hyphen, –x–x– Stabilität (PARLE, nach SATCHELL)

Zahl luftführender Hohlräume. Schwere Böden mit hohem Humusgehalt lassen sich zudem noch in feuchterem Zustand bearbeiten als solche mit geringem Humusgehalt. Das ist besonders für die Bearbeitung im Winterhalbjahr von großer Bedeutung (vgl. S. 120 ff.).
Dem Zerfall der Bodenaggregate wirkt eine ständige Bedeckung der Bodenoberfläche entgegen, wie sie unter natürlicher Vegetation und auf Grünland gegeben ist. Wenn auf Ackerland eine Abdeckung des offenen Bodens mit organischen Resten erfolgt, spricht man von „Mulchen". Das Mulchen bewirkt eine weniger starke Austrocknung des Bodens, so daß auf diese Weise für eine gleichbleibendere biologische Aktivität gesorgt wird (Schattengare). Bedeckung des Bodens veranlaßt die Regenwürmer, ihre Losung mehr auf der Oberfläche des Bodens abzulegen. Dadurch wird der Boden noch wirkungsvoller durchmischt und gelockert.
Huminstoffe verbessern die chemischen Bodeneigenschaften in erster Linie durch ihre hohe Kationenaustauschkapazität. Darunter wird die Fähigkeit der Huminstoffe und der Tonminerale verstanden, eine bestimmte Menge an Kationen zu binden. Sie wird in Millival (mval)/100 g Boden angegeben. Die Kationenaustauschkapazität von Huminstoffen beträgt bis zu 300 mval/100 g und liegt damit zum Teil wesentlich höher als die der Tonminerale. Allerdings ist das spezifische Gewicht der Huminstoffe wesentlich niedriger, was aber nur für die Beurteilung der Kationenaustauschkapazität in organischen Böden Bedeutung hat. Die Nährstoffkationen werden durch Bindung an Humus- und Tonteilchen vor der Auswaschung bewahrt. Austauschbare Kationen sind für die Pflanzen leicht verfügbar.

Pflanzenphysiologische Wirkungen

Die Humusstoffe und die Bodenorganismen verbessern nicht nur die physikalischen und chemischen Bodeneigenschaften, sie üben auch pflanzenphysiologische Wirkungen aus. Schon in der Humustheorie von ALBRECHT THAER (1752–1828) werden solche Wirkungen angenommen. THAER sah im Humus die Hauptnahrung der Pflanzen, wohingegen er den Mineralstoffen nur eine untergeordnete Rolle beimaß. Von CARL SPRENGEL (1787–1859) und JUSTUS VON LIEBIG (1803–1873) wurde schließlich die Bedeutung der Mineralstoffe für die Ernährung der Pflanzen erkannt. Die Mineraldüngung trat daraufhin ihren Siegeslauf an, in dessen Verlauf die Erträge entscheidend erhöht werden konnten.
Erst in neuerer Zeit wird den direkten Wirkungen organischer Stoffe auf das Pflanzenwachstum aufgrund neuer Forschungsergebnisse der Rhizosphären- und Humusforschung wieder mehr Beachtung geschenkt. Es stellte sich heraus, daß die Pflanzen selbst höhermolekulare organische Verbindun-

gen aufnehmen. Im Boden vorkommende organische Stoffe können das Wachstum der Pflanzen sowohl hemmen als auch fördern. In Versuchen wurde gefunden, daß durch Zugabe von Huminstoffen das Wachstum der Pflanzen verbessert werden kann, wenn bestimmte Wachstumsfaktoren ins Minimum geraten. So wird bei Luftmangel im Nährsubstrat, bei zu geringer Beleuchtungsintensität, bei Wassermangel, Kälteeinwirkung sowie Über- und Unterdosierung von Nährstoffen der Ertrag durch Huminstoffe erhöht. Aus diesen Ergebnissen wurde abgeleitet, daß physiologisch aktive Huminstoffe um so positiver auf die Ertragshöhe wirken, je weiter sich ein oder mehrere Wachstumsfaktoren vom Optimum entfernen. Diese Beziehung wird in einer schematischen Darstellung veranschaulicht (Bild 65). Noch ist nicht bekannt, ob ähnliche Wirkungen auch unter den Bedingungen der Praxis bestehen.

In frischen oder wenig zersetzten Vegetationsrückständen treten zuweilen auch Hemmstoffe auf, so in der Fichtenstreu und in Ernterückständen von Getreide. Reges Bodenleben sorgt für eine rasche Inaktivierung dieser Stoffe.

Humusdynamik

Einen wesentlichen Einfluß auf den Humusgehalt des Bodens hat das Klima. Mit steigender Temperatur erhöht sich nicht nur die Produktion pflanzlicher Stoffe, sondern in noch höherem Maße die Aktivität der Bodentiere und Mikroorganismen, die auf einen Abbau dieser Stoffe ausgerichtet ist. Nur wenige Bodenbewohner, meist solche kühler Regionen, haben ihr Optimum bei tieferen Temperaturen, wie am Beispiel verschiedener Tausendfüßer gezeigt werden soll (Bild 66). Die Höhe der Niederschläge bestimmt bei ge-

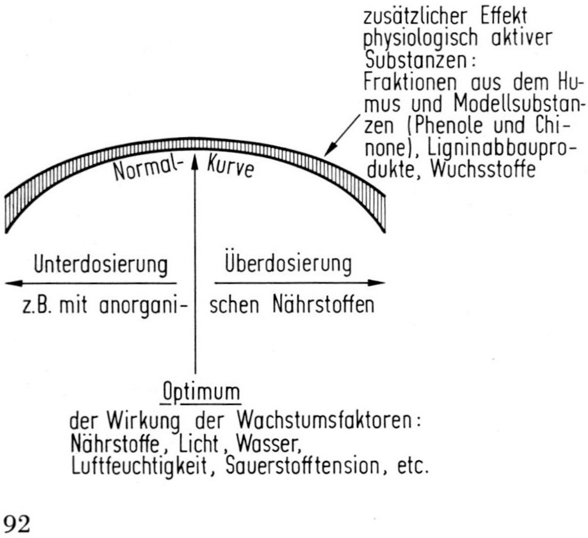

Bild 65. Einfluß physiologisch aktiver Verbindungen auf den Ertrag von Pflanzen (FLAIG u. SÖCHTIG)

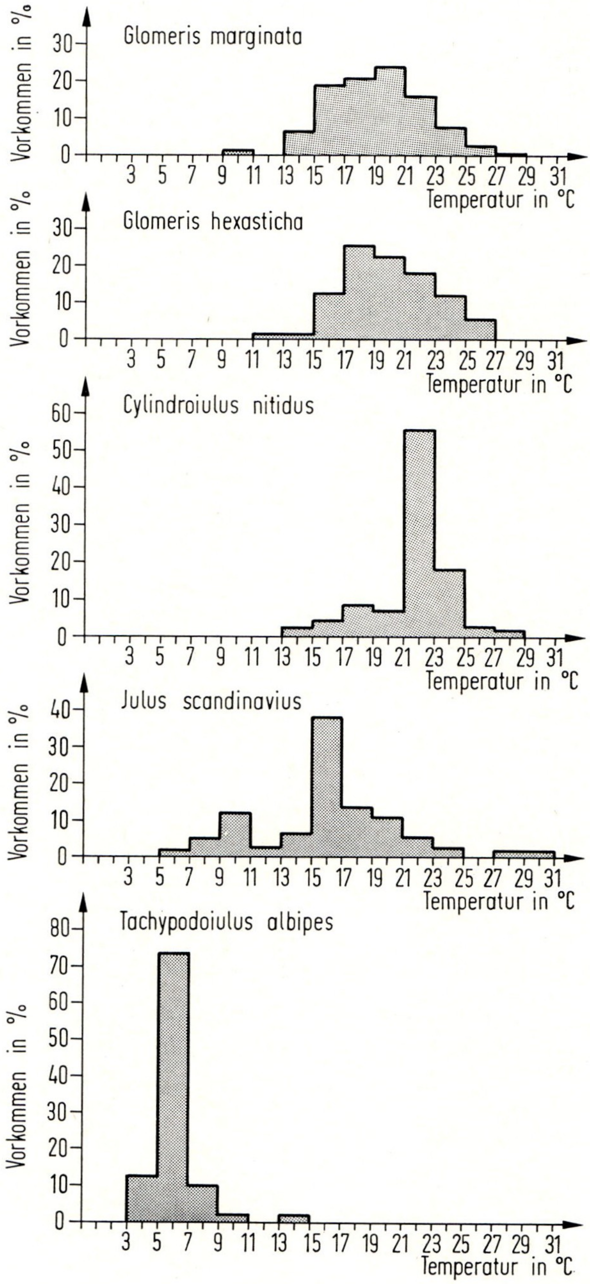

Bild 66. Temperaturpräferenz verschiedener Arten von Tausendfüßern (THIELE, nach RAW)

gebenen Temperaturverhältnissen, inwieweit das Edaphon seine Tätigkeit entfalten kann. Sowohl bei zeitweiliger Trockenheit (Schwarzerden) als auch bei sehr hohen Niederschlägen (Torflager an den Küsten Nordwesteuropas), die zu anaeroben Bedingungen führen, wird der Abbau gehemmt, so daß es dadurch auch bei höheren Jahresdurchschnittstemperaturen zu einer Anreicherung von organischer Substanz kommen kann. Als Beispiel für die Bedeutung des Klimas sei eine Zusammenstellung der Humusgehalte russischer Böden angeführt (Bild 67). Bei einem Temperaturanstieg von Norden nach Süden und einem Absinken der Niederschlagsmenge bildet sich ein Maximum im Humusgehalt bei den mittleren Werten aus.

Allerdings sind die Beziehungen zwischen den Durchschnittswerten von Temperatur und Feuchtigkeit zum Humusgehalt und zur Abbauintensität nicht sehr eng, denn die Abbaurate wird durch einen häufigen Wechsel zwischen Austrocknen und Wiederbefeuchten sowie zwischen Gefrieren und Erwärmen des Bodens mehr gefördert als bei gleichbleibend günstigen Temperatur- und Feuchtigkeitsverhältnissen. Das ergaben u. a. Versuche, in denen die

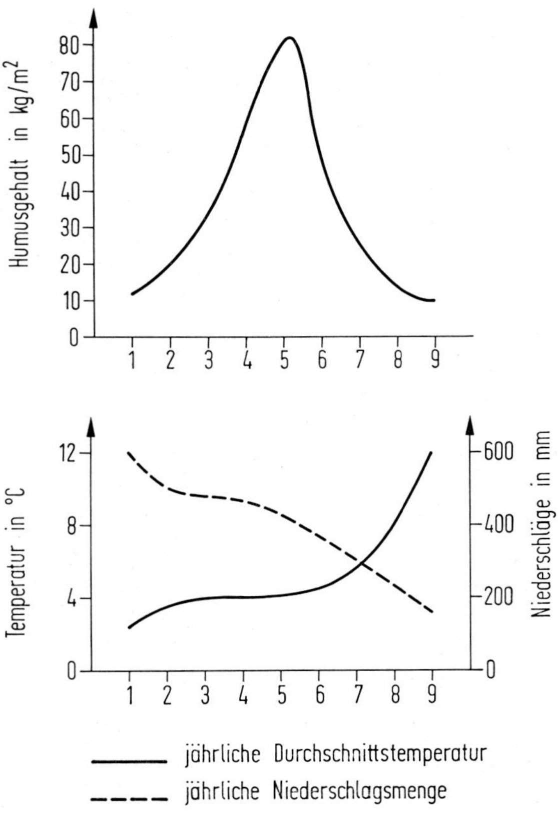

Bild 67. Humusgehalt russischer Böden (J. W. TJURIN, nach FLAIG)

1 podsolierte Böden
2 helle } graue Waldböden
3 dunkle }
4 ausgelaugte } Schwarzerde
5 mächtige }
6 gewöhnliche }
7 dunkle } kastanienfarbige Böden
8 helle }
9 Grauerden

Oben:
Humusgehalt für eine Tiefe von 100 bis 120 cm in kg/m²

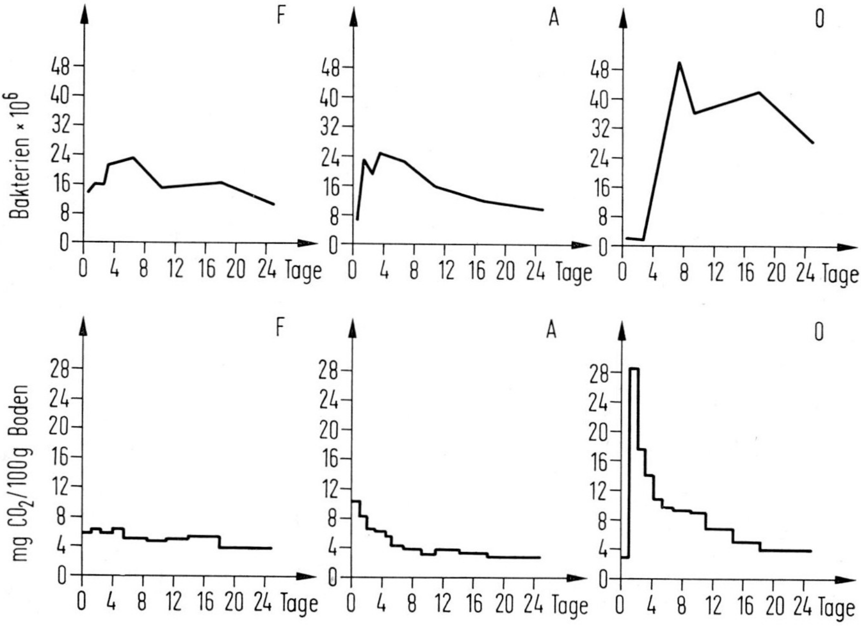

Bild 68. CO_2-Produktion und Mikrobenzahl/g in *F* frischem Boden, *A* wiederbefeuchtetem luftgetrocknetem Boden, *O* wiederbefeuchtetem ofentrockenem Boden (JAGER)

Kohlendioxidentwicklung und der Bakteriengehalt einer frischen mit einer vorher getrockneten und dann wieder befeuchteten Bodenprobe verglichen wurden (Bild 68). Der stärkere Anstieg der CO_2-Produktion und der Bakterienzahl in dem zunächst getrockneten und dann wiederbefeuchteten Boden wird dahingehend erklärt, daß durch das Trocknen leicht abbaubare Stoffe entstehen, die nach dem Wiederbefeuchten dann mineralisiert werden. Eine ähnliche Wirkung hat das Gefrieren bei Böden mit hohem Gehalt an organischer Substanz. Man nimmt an, daß die in einem solchen Substrat reichlich vorhandenen Kleintiere durch den Frost abgetötet und nach dem Wiedererwärmen von den Mikroorganismen abgebaut werden.

Neben den klimatischen Faktoren wirkt sich bei gleicher Nutzungsweise der Tongehalt des Bodens stark auf den Humusgehalt aus. Wie bereits erwähnt, neigen Tonminerale dazu, organische Stoffe zu sorbieren, deren mikrobieller Abbau dadurch vermindert wird. Hinzu kommt, daß in tonreichen Böden leicht anaerobe Verhältnisse auftreten, unter denen der Abbau ebenfalls reduziert ist. Auch die Nutzung und mit ihr die Bodenbearbeitung üben einen beträchtlichen Einfluß auf den Humusgehalt des Bodens aus. Bei gleichem Klima und Tonanteil finden sich auf Grünland und unter reinem Nadelwald der höchste, unter Mischwald ein mittlerer und in Ackerland der niedrigste Gehalt an organischer Substanz. Die ständige Bodenbearbeitung des Ackers begünstigt durch die damit verbundene stärkere Durchlüftung den Abbau der organischen Stoffe. Mit dem Humusgehalt geht häufig der Bakterienbesatz parallel. In Grünlandböden ist die Bakterienzahl in der Regel doppelt so hoch wie in Ackerböden. Bei langjähriger gleichartiger Nutzung stellt sich ein Gleichgewicht zwischen Anlieferung und Abbau der organischen Substanz ein, wobei die Menge des jährlich mineralisierten Kohlenstoffs zwischen 2 – 5% des Gesamtkohlenstoffs schwankt. Je nach Vegetation und Standort enthält der Boden einige hundert bis zu einigen tausend dz/ha organische Substanz. Das entspricht einem Kohlenstoffgehalt des Oberbodens von 1 bis 6%.

Eine Humusanreicherung ist im Boden nur begrenzt möglich, wenn nicht der gleichzeitig verlaufende Abbau durch anaerobe Verhältnisse, wie sie in Torfmooren herrschen, unterbunden wird. Schon nach wenigen Jahren oder Jahrzehnten stellt sich bei gesteigerter oder verringerter Zufuhr organischer Stoffe ein neuer Humusspiegel ein. Der Tendenz zum Absinken des Humusspiegels bei Ackernutzung wird seit alters her durch die organische Düngung entgegengewirkt. Genauso wichtig ist es aber, einen zu starken Abbau der Huminstoffe zu verhindern. Dazu trägt eine Einschränkung der mechanischen Bodenbearbeitung bei, die das Bodenleben in der gelockerten Krume immer wieder anregt.

Bei der organischen Düngung (vgl. S. 113 ff.) ist zu beachten, daß bei Zufuhr junger, leicht zersetzlicher Pflanzenteile zum Boden nicht nur jene abgebaut, sondern auch die resistenten Huminstoffe leichter angegriffen werden. Diese Wirkung wird im englischsprachigen Schrifttum als „priming effect" (Zündeffekt) bezeichnet. Eine ähnliche Wirkung, die Förderung des Celluloseabbaus in Gegenwart anderer leichter verwertbarer Stoffe, wurde früher schon erwähnt. Dieses Phänomen konnte erst durch Anwendung der Isotopentechnik entdeckt werden. Die dem Boden zugefügten organischen Verbindungen wurden mit dem radioaktiven Kohlenstoffisotop ^{14}C markiert. Als man das während der Bebrütung entwickelte und aufgefangene Kohlendioxid analysierte, stellte man fest, daß das CO_2 nur zum Teil aus den zugefügten markierten organischen Verbindungen stammte, der andere Teil aber aus den unmarkierten stabileren, bodeneigenen Huminstoffen. Deren Abbau wird bei Zusatz leicht zersetzlicher Stoffe größer als bei parallel dazu untersuchten Bodenproben, die diesen Zusatz nicht erhalten hatten. Bislang ist noch keine endgültige Erklärung für diesen Zündeffekt gefunden worden. Ein analoger Fall tritt bei der Stickstoffdüngung auf. Die Zugabe mineralischen Stickstoffs zum Boden verursacht gleichfalls eine stärkere Mineralisierung des organisch gebundenen Stickstoffs.

Stickstoffumsetzungen im Boden

Im Protoplasma aller Lebewesen ist Stickstoff ein notwendiger Bestandteil. Obwohl die Atmosphäre zu 79 Vol.% aus diesem Element besteht, ist der Stickstoff für die Pflanzen häufig in nicht ausreichendem Maße verfügbar. Die Pflanzen können ihn nur in gebundener Form, meist als Nitrat (NO_3^-)- oder Ammonium (NH_4^+)-Ion, aus dem Boden aufnehmen. Allein bestimmte, im Boden frei oder in Symbiose mit Pflanzen lebende Mikroorganismen sind in der Lage, den atmosphärischen Stickstoff auszunutzen. Zwar stellen die organischen Stoffe des Bodens ein gewaltiges Stickstoffreservoir dar, doch wird der Stickstoff aus ihnen nur langsam mineralisiert. In gemäßigtem Klima enthalten Ackerböden etwa 2 – 3% Humus und 0,1 – 0,15% Stickstoff in den oberen 20 cm. Das sind 2000 bis 3000 kg N/ha. Bei intensiver landwirtschaftlicher Nutzung entziehen die Pflanzen dem Boden jedoch weit mehr Stickstoff, als durch die Mineralisation des gebundenen Stickstoffs nachgeliefert werden kann. Deshalb ist eine Stickstoffdüngung unerläßlich.
Bei den mannigfaltigen biologischen Umformungen des Stickstoffs im Boden greifen mehrere Teilkreisläufe ineinander (Bild 69). Die einzelnen Umwandlungsprozesse sollen wegen ihrer großen Bedeutung im einzelnen besprochen werden.

Ammonifikation

Der überwiegende Teil des Bodenstickstoffs stammt aus den Proteinen der Pflanzen- und Tierreste und gelangt mit diesen in den Boden. Zu dem Stickstoff tierischen Ursprungs tragen die Regenwürmer wegen ihrer großen Biomasse in hohem Maße bei. Die lebenden Regenwürmer scheiden ihn zur Hälfte durch die Drüsenzellen der Haut in Form von Mucoprotein aus, zur anderen Hälfte als Urin in Form von Ammoniak und Harnstoff (Bild 70).
Ein Teil des in den organischen Resten enthaltenen Stickstoffs wird bei der Mineralisation als Ammonium frei (Ammonifikation), ein weiterer Teil wird

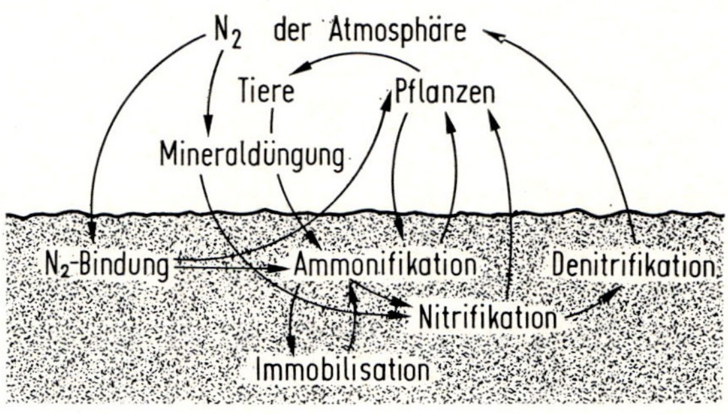

Bild 69. Stickstoffkreislauf

aber im Verlauf der Humifizierung in stabile Lignin-Proteinkomplexe überführt. Andere Proteine werden an Tonminerale gebunden und sind dann ebenfalls nur schwer mineralisierbar. Maßgeblich hängt die Mineralisation des Stickstoffs vom C : N-Verhältnis im Boden ab. Wenn das Verhältnis weiter als 25 : 1 ist, konkurrieren die Mikroorganismen erfolgreich mit den Pflanzen um den mineralischen Stickstoff, so daß diese unter Stickstoffmangel leiden. Auch zugeführter Düngerstickstoff wird bei einem weiten C : N-Verhältnis in Mikroorganismenleibern festgelegt bzw. immobilisiert. Man spricht in diesem Fall gern von einer „biologischen Stickstoffsperre". Erst bei einem engen C : N-Verhältnis wird durch die Tätigkeit des Edaphons mineralischer Stickstoff als Ammonium freigesetzt. Bei einem Humusgehalt von 2% und einem C : N-Verhältnis von 10 : 1 beträgt die jährlich mineralisierte Stickstoffmenge zwischen 40 und 80 kg/ha. Mit dem ammonifizierten Stickstoff steht den Pflanzen eine langsam fließende N-Quelle zur Verfügung, deren Ergiebigkeit mit dem Bedarf weitgehend parallel geht und die N-Düngung wirkungsvoll unterstützt. Die ammonifizierenden Bodenorganismen reagieren nämlich genauso empfindlich auf Witterungsschwankungen und Änderungen im Wasserge-

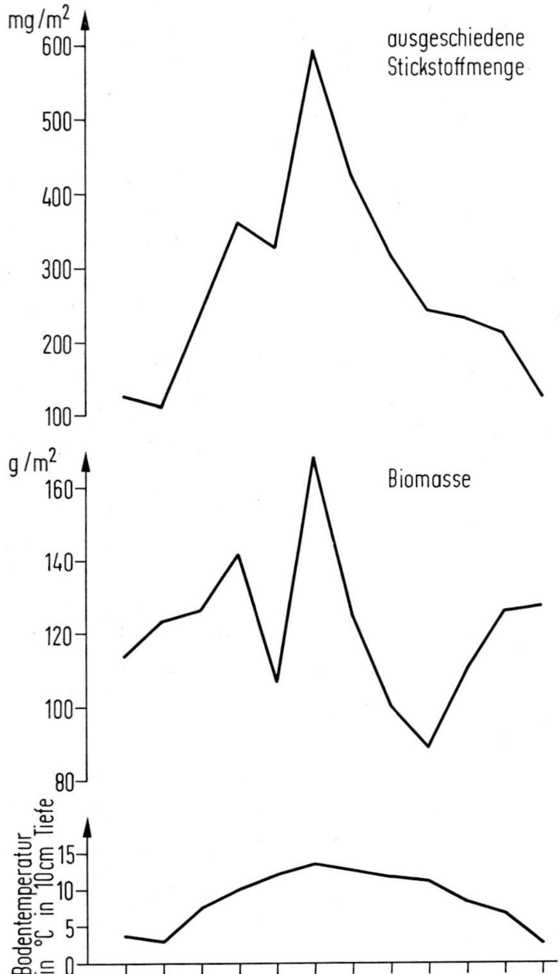

Bild 70. Stickstoffausscheidung und Biomasse von Regenwürmern in Abhängigkeit von Temperatur und Jahreszeit (SATCHELL)

Bild 71. Einfluß der periodischen Wiederbefeuchtung des Bodens auf die Ammonifikation. *A* Kontrollboden, *B* alle zwei Wochen für 48 Stunden bei 35 °C getrockneter und dann wiederbefeuchteter Boden, *C* alle zwei Wochen für 48 Stunden bei 105 °C getrockneter und dann wiederbefeuchteter Boden (VAN SCHREVEN)

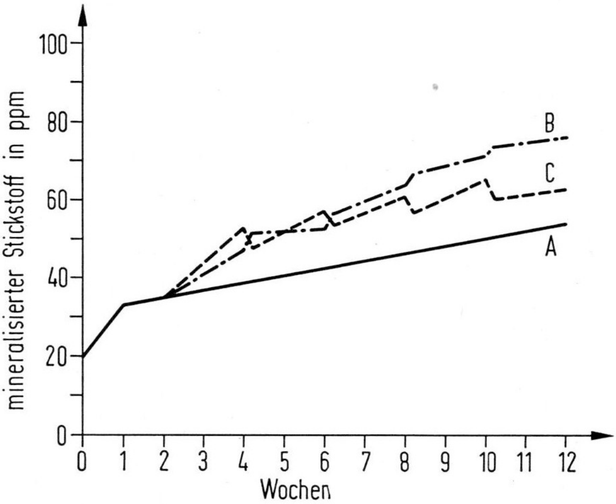

halt des Bodens wie die Pflanzen. Fördernd auf die Stickstoffmineralisation wirkt sich, wie bei der CO_2-Entbindung, ein Wechsel von Austrocknen und Wiederbefeuchten des Bodens aus. Die Ammonifikationsrate ist dann, wie Bild 71 zeigt, höher als bei gleichbleibend optimaler Feuchte. Prinzipiell ähnlich ist die Wirkung des Gefrierens und Wiederauftauens. In sauren Böden ist die Ammonifikation gering. Infolgedessen reichert sich dort organischer Stickstoff an. Nach einer Kalkung dieser Böden werden Kohlenstoff und Stickstoff zunächst verstärkt mineralisiert. Für die Ammonifikation ist die optimale Temperatur höher als für viele andere mikrobiologische Prozesse. Sie liegt bei 40° C und darüber.

Verläuft, wie im Stalldung, die Eiweißzersetzung sehr stürmisch oder ist die Bodenreaktion alkalisch, so können Stickstoffverluste durch Verflüchtigung von Ammoniak eintreten.

Die zweite Erscheinungsform, in der der mineralisierte Stickstoff bei der Mineralisierung auftritt, ist Harnstoff. Zahlreiche Mikroorganismen spalten mit Hilfe des Enzyms Urease den Harnstoff in Kohlendioxid und Ammoniak nach folgender Gleichung:

$$O=C(NH_2)_2 + H_2O \xrightarrow{\text{Urease}} CO_2 + 2\,NH_3$$

Im Boden besteht ein gewisser Ureasespiegel, so daß die Reaktion auch ohne aktuelle Beteiligung der Mikroorganismen verlaufen kann. Wird Urease jedoch von Tonmineralen sorbiert, so ist ihre Wirksamkeit stark herabgesetzt (Bild 72).

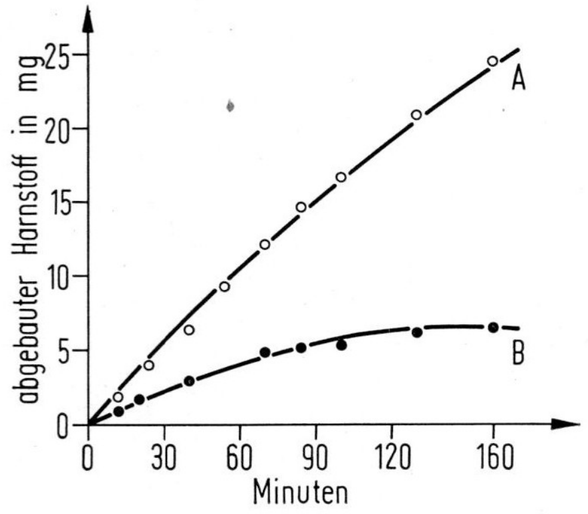

Bild 72. Aktivität des Enzyms Urease in Lösung (*A*) und gebunden an das Tonmineral Bentonit (*B*) (DURAND)

In sauren und staunassen bzw. überfluteten Böden (Reisfelder) mit Sauerstoffmangel stellt die Ammonifikation die Endstufe der mikrobiellen Stickstoffumformungen dar.

Nitrifikation

Normalerweise wird das Ammoniumion, das bei der Mineralisierung gebildet bzw. mit der Düngung zugeführt wird, aber rasch in Nitrat umgewandelt. Verantwortlich für diesen als Nitrifikation bezeichneten Prozeß sind streng autotrophe (lithotrophe) Bakterien, die in zwei Gruppen eingeteilt werden:
1. solche, die Ammoniak (NH_3) zu Nitrit (NO_2) oxydieren,
2. solche, die Nitrit weiter zu Nitrat (NO_3) oxydieren.

Der bekannteste Vertreter der ersten Gruppe ist *Nitrosomonas europaea.* Von der zweiten sind *Nitrobacter winogradskyi* und *N. agilis* am häufigsten. Aus der Oxydation von Ammoniak bzw. Nitrit gewinnen diese Organismen die Energie zur CO_2-Assimilation. Nitrit reichert sich praktisch nicht an, da beide Organismengruppen in enger Gemeinschaft vorkommen. Außerdem muß, um die gleiche Energiemenge zu liefern, mehr Nitrit als Nitrat oxydiert werden. Lediglich bei hohen Ammoniumkonzentrationen, hervorgerufen etwa durch große Mengen ammoniumhaltiger Düngemittel, die *Nitrobacter* spezifisch hemmen, kann sich das pflanzenschädliche Nitrit über einen längeren Zeitraum anreichern.

Die Nitrifikanten sind gegen manche von den Wurzeln abgeschiedene organische Stoffe offenbar sehr empfindlich. Das erklärt, warum in dieser sonst so mikroorganismenreichen Zone (Rhizosphäre) und speziell in den dicht durchwurzelten Grünlandböden die Nitrifikation gering ist. Sie wird auch dann erschwert, wenn das Ammonium an Tonminerale fixiert, das heißt in nicht austauschbarer Form gebunden ist. Das pH-Optimum der nitrifizierenden Bakterien liegt im schwach alkalischen Bereich. Schon unterhalb pH 6 läßt die Nitrifikation merklich nach. Sie spielt deshalb in sauren Böden keine Rolle und wird erst durch Kalkung solcher Böden in Gang gebracht. Wenn die Temperatur unter 5° C absinkt, vermindert sich die Nitrifikation zwar stark, doch ist noch bis zum Gefrierpunkt eine schwache Nitrifikation festzustellen (Tabelle 3):

Tabelle 3 (SAKAI, nach GLATHE)

Temperatur	Menge des gebildeten Nitrats
5° C	15 bis 42%
15° C	64 bis 69%
25° C	100%
35° C	60 bis 67%

Zwischen der Zahl der Nitrifikanten bzw. dem Nitrifikationsvermögen und der Ertragsleistung des Bodens besteht häufig eine gute Übereinstimmung. Das hängt sicher damit zusammen, daß Nitrifikanten und Pflanzen an bestimmte Bodeneigenschaften, wie Stickstoffmineralisation, pH-Wert und Durchlüftung, die gleichen Ansprüche stellen. Bei einem Wechsel von Austrocknung und Anfeuchten ist die Nitrifikation bis zu 7mal höher als bei gleichbleibender Feuchtigkeit. Die Nitrifikation ist insofern als günstig zu beurteilen, als die Pflanzen in einem weiten pH-Bereich Nitrat anscheinend besser aufnehmen als Ammonium. Ungünstig wirkt sich aber aus, daß Nitrat, im Gegensatz zu Ammonium, leicht ausgewaschen wird. Weitere Stickstoffverluste entstehen schließlich bei der Denitrifikation des Nitrats. Man hat daher versucht, die Nitrifikation zu verhindern. Erste Erfolge wurden mit einer chemischen Verbindung (2 Chlor-6-(trichlormethyl)pyridin) erzielt,

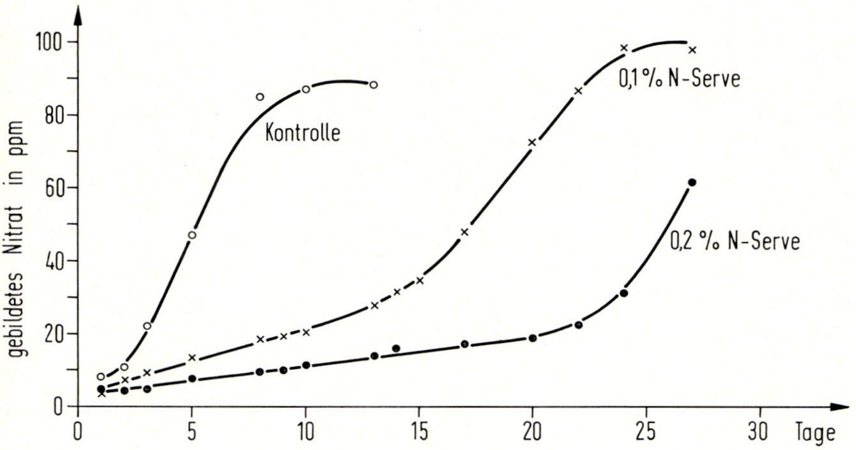

Bild 73. Hemmung der Nitrifikation durch verschiedene Konzentrationen von N-serve (CHASE, CORKE u. ROBINSON)

die als „N-Serve" und einer weiteren Pyridinverbindung, die als „AM" bekannt wurde (Bild 73). Solche Nitrifikationshemmer besitzen – in geringer Konzentration angewandt – eine spezifische hohe Toxizität für NH_4-oxydierende Bakterien *(Nitrosomonas)*. Andere Mikroorganismen und Pflanzen werden erst bei sehr viel höheren Dosen geschädigt. Derartig wirkende Stoffe sind bisher in größerem Maße noch nicht angewendet worden (s. auch S. 119).

Denitrifikation

Von großer praktischer Bedeutung sind die durch Denitrifikation entstehenden Stickstoffverluste. Die Urheber dieses Prozesses sind Mikroorganismen, die Nitrat zu molekularem Stickstoff (N_2) und Stickstoffoxiden (N_2O, NO) reduzieren und die dann dem Boden gasförmig entweichen. Voraussetzung für die Denitrifikation ist Sauerstoffmangel, der in dichtgelagerten und nassen Böden herrscht, aber auch durch starke Bodenatmung entstehen kann. Wenn im Boden ein geringer Sauerstoffpartialdruck besteht, so ersetzen viele Bodenbakterien bei der Atmung den molekularen Sauerstoff durch Nitrat oder Nitrit. Bei dieser „Nitratatmung" übernehmen Nitrat bzw. Nitrit die Funktion des Sauerstoffs als Wasserstoffakzeptor. Davon zu unterscheiden ist die „Nitratassimilation", unter der man die Verwendung von Nitrat für den Aufbau der organischen Stickstoffverbindungen versteht. Das Nitrat wird dabei in Umkehrung der Nitrifikation zu Ammoniak reduziert, da erst von der Ammoniumform aus der Einbau in die organische Substanz erfolgt.
Die Denitrifikanten sind nur fakultativ anaerobe Organismen, die bei besserer Durchlüftung Sauerstoff als Wasserstoffakzeptor bevorzugen. Da potentiell sehr viel Mikroorganismen zur Denitrifikation in der Lage, aber nicht auf sie angewiesen sind, sagt ihre Zahl wenig über die in einem Boden stattfindende Denitrifikation aus. Die Denitrifikation ist abhängig vom Vorhandensein geeigneter Wasserstoffdonatoren. Als solche dienen den überwiegend heterotrophen (organotrophen) Denitrifikanten leicht zersetzliche organische Stoffe. Zumeist kann das Nitrat von den Denitrifikanten nicht gleichzeitig als N-Quelle verwertet werden. Sie benötigen dann zusätzlich noch Ammoniumsalze oder Aminosäuren. An der Denitrifikation sind vor allem *Pseudomonas*- und *Achromobacter*-Arten sowie Bazillen beteiligt. Sie entfalten erst oberhalb pH 6 eine aktivere Tätigkeit und haben ihr Optimum bei schwach alkalischen pH-Werten. In stark sauren Böden spielt die Denitrifikation daher keine Rolle.
Die durch Denitrifikation eintretenden Stickstoffverluste können recht beträchtlich sein. Untersuchungen mit markiertem Stickstoff in Wiesenböden zeigten, daß Stickstoffverluste in sandigen Böden 11 – 25%, bei Tonböden

16 – 31% und bei Moorböden 19 – 40% betragen. Auf überfluteten Reisfeldern traten N-Verluste sogar bis zu 60% des zugefügten Stickstoffdüngers auf.

Bindung des atmosphärischen Stickstoffs

Unter einer natürlichen Vegetation werden die Stickstoffverluste des Bodens hauptsächlich durch die biologische Stickstoffbindung im Boden und in geringerem Maße durch zugeführte Stickstoffverbindungen ausgeglichen, die bei elektrischen Entladungen in der Luft entstehen und mit dem Regenwasser in den Boden gelangen. Trotz der sprunghaft steigenden Weltproduktion an mineralischen Stickstoffdüngemitteln aus dem Luftstickstoff – 1948/49 waren es 4,5 Mill. t Rein-N, 1967/68 schon 24,1 Mill. t N – bleibt die biologische Stickstoffbindung ein wichtiges Glied im Stickstoffkreislauf der Natur. Sie ist bisher, wie kaum ein anderer Vorgang, Gegenstand bodenmikrobiologischer Forschung gewesen. Zwei ökologisch unterschiedliche Gruppen von stickstoffbindenden Mikroorganismen wurden entdeckt. Die einen leben frei im Boden, die anderen binden Stickstoff nur in Symbiose mit Pflanzen.

Stickstoffbindung durch frei im Boden lebende Mikroorganismen

Am längsten sind unter den frei im Boden vorkommenden Stickstoffbindern das anaerobe *Clostridium pasteurianum* und der aerobe *Azotobacter chroococcum* bekannt. Beide Bakterien sind sicher auch die effektivsten unter den freilebenden Stickstoffbindern überhaupt.

Azotobacter hat verhältnismäßig große, 3 – 6 μm lange, ovale bis runde Zellen. Nach der Teilung werden die Tochterzellen häufig durch eine dicke Schleimhülle zusammengehalten (Bild 4). Die *Azotobacter*-Arten meiden saure Böden. Hingegen verträgt die verwandte Gattung *Beyerinckia*, die auf tropische Böden beschränkt ist und besonders in Lateritböden vorkommt, auch höhere Wasserstoffionenkonzentrationen. Die Stickstoffgewinne im Boden durch *Azotobacter* sind gering, denn er kann nur leicht zersetzliche organische Stoffe, Zucker und organische Säuren, aber nicht die überwiegend vorhandenen, schwer abbaubaren Substanzen verwerten. Für die Bindung von 5 bis 25 mg N_2 muß 1 g Zucker oxydiert werden. Hinzu kommt, daß, wie auch bei anderen Stickstoffbindern, die N-Bindung in Gegenwart mineralischen Stickstoffs unterdrückt wird. Die *Azotobacter*-Zahl ist im Verhältnis zur übrigen Bakterienpopulation in azotobacterhaltigen Böden sehr niedrig. Sie beträgt häufig nur bis zu 100 Zellen/g Boden. Den höchsten *Azotobacter*-Gehalt haben fruchtbare Böden.

Wesentlich zahlreicher als *Azotobacter* ist das anaerobe *Clostridium pasteurianum,* das zudem in sauren Böden bis pH 4,5 vorkommt. Wenn Clostridien auch nur etwa 7 mg N_2/g Kohlenhydrat binden, so dürfte ihr Beitrag zur Stickstoffbindung im Boden doch höher als der von *Azotobacter* zu veranschlagen sein, da Clostridien auch Cellulose verwerten. Bis zu mehreren 100 000 Zellen sind je g Boden vorhanden. Allerdings liegt ein wechselnder Anteil davon in Form inaktiver Sporen vor. Immerhin treten unter anaeroben Verhältnissen im Boden N-Gewinne von 20 – 60 kg N/ha und Jahr auf. Außerdem werden stickstoffbindende Clostridien in der Rhizosphäre vieler Kulturpflanzen stärker gefördert als *Azotobacter.* Über ihren evtl. Beitrag zur N-Ernährung der Pflanzen ist aber bisher nichts bekannt.

Durch Einführung einer wesentlich feineren Meßmethode, der Isotopentechnik, konnte mit dem stabilen Stickstoffisotop ^{15}N bei einer Reihe weiterer, zum Teil recht häufiger Mikroorganismen eine schwache Stickstoffbindung nachgewiesen werden. Dazu gehören: *Azotomonas, Achromobacter, Arthrobacter, Pseudomonas,* Bazillen, photosynthetisch arbeitende Purpurbakterien *(Rhodospirillum, Rhodomicrobium, Rhodopseudomonas),* Schwefelbakterien *(Chlorobium, Chromatium),* Hefen und blaugrüne Algen *(Anabaena, Calothrix, Cylindrospermum, Nostoc, Tolypothrix).*

Von *Arthrobacter* gibt es Arten, die – wie erwähnt – gleichzeitig Feldspatminerale lösen. Sie sind Leitformen der Felsmikroflora. Zu den Pionierorganismen ist auch die blaugrüne Alge *Nostoc* zu zählen, die als Symbiont von Flechten und Lebermoosen ebenfalls unwirtliche Standorte besiedelt (vergl. S. 62).

Die N-Bindung der anaeroben Purpur- und Schwefelbakterien und insbesondere die der blaugrünen Algen spielt für normale Ackerböden keine Rolle. Wenn beim Reisanbau die Felder überflutet werden, steigt ihre Zahl jedoch

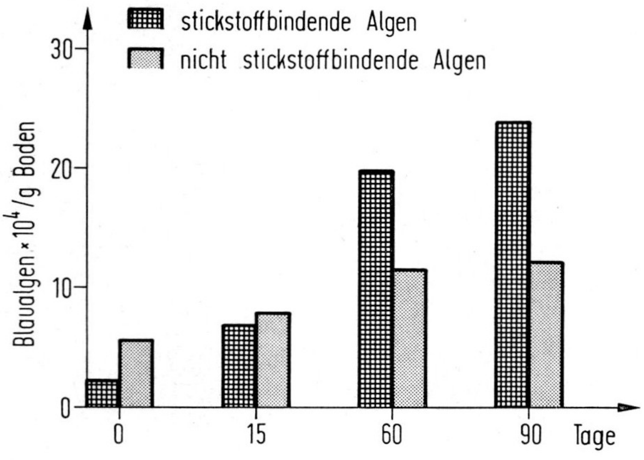

Bild 74. Entwicklung blaugrüner Algen in einem Reisfeld (Materassi u. Balloni)

stark an (Bild 74). Auf überfluteten Reisfeldern sollen die N-Gewinne durch blaugrüne Algen zwischen 15 und 50 kg N/ha betragen.
Zusammenfassend läßt sich sagen, daß die Stickstoffbindung durch aerobe N-Binder gering ist. Bedeutender ist die der anaeroben Mikroorganismen und unter speziellen Verhältnissen die der blaugrünen Algen. Global betrachtet dürfte jedoch durch die freibleibenden Stickstoffbinder trotzdem mehr Stickstoff fixiert werden als durch die nunmehr zu besprechenden symbiontischen Stickstoffbinder.

Stickstoffbindung durch symbiontische Mikroorganismen

An den Wurzeln verschiedener Pflanzen treten Verdickungen auf, die jeweils von charakteristischer Form sind. Bei den Leguminosen werden sie als Knöllchen bezeichnet (Bild 75). In diesen Gebilden leben Mikroorganismen, die ebenfalls atmosphärischen Stickstoff binden und damit auch die Wirtspflanzen versorgen. Aus der Symbiose der Leguminosen mit den Knöllchenbakterien hat die Landwirtschaft seit Anbeginn großen Nutzen gezogen.
Die Ermittlung der beim Leguminosenanbau gebundenen Stickstoffmengen ist recht schwierig. Fest steht, daß beträchtlich höhere Stickstoffgewinne eintreten als durch die frei im Boden lebenden Stickstoffbinder. Unter anderem werden folgende Angaben gemacht (in kg N/ha):

Erbsen	148
Rotklee	57 – 168
Luzerne	45 – 127
Bohnen	97
Sojabohnen	64 – 121

Auch von noch höheren Gewinnen bis zu 300 kg N/ha und mehr, wird berichtet.

Bild 75. Knöllchen von Rotklee (bis 2 mm)

Außer den Leguminosen weisen noch etwa 13 andere Gattungen mit durchweg holzartigen Pflanzen an den Wurzeln Symbiosen mit stickstoffbindenden Mikroorganismen auf. Die bekanntesten einheimischen sind die der Erlen *(Alnus)* (Bild 76), der Ölweidengewächse (Ölweide – *Elaeagnus*, Seedorn – *Hippophae*) (Bild 77) und des Gagelstrauchs *(Myrica gale)*. Die Knöllchen sind äußerlich recht verschieden und werden wahrscheinlich von Actinomyceten hervorgerufen. Der Stickstoffbedarf der Pflanze wird durch die Mikrosymbionten vollauf gedeckt. Bei *Alnus crispa* wurde ein Stickstoffgewinn von 61,5 kg N/ha/Jahr ermittelt. Ähnlich hoch, bei 58,5 kg N/ha/Jahr, liegen die N-Gewinne bei der tropischen *Casuarina timber*.

Die biochemischen Vorgänge, die zur Bindung des molekularen Stickstoffs und zum Einbau in das Zelleiweiß führen, sind noch nicht in allen Einzelheiten geklärt. Man nimmt für freilebende und symbiontische Stickstoffbinder etwa den gleichen Mechanismus an. Der Stickstoff (N_2) wird in verschiedenen Teilschritten möglicherweise über Hydrazin (N_2H_4) zu Ammoniak (NH_3) reduziert. Daran beteiligt sind ein stickstoffaktivierendes Enzymsystem

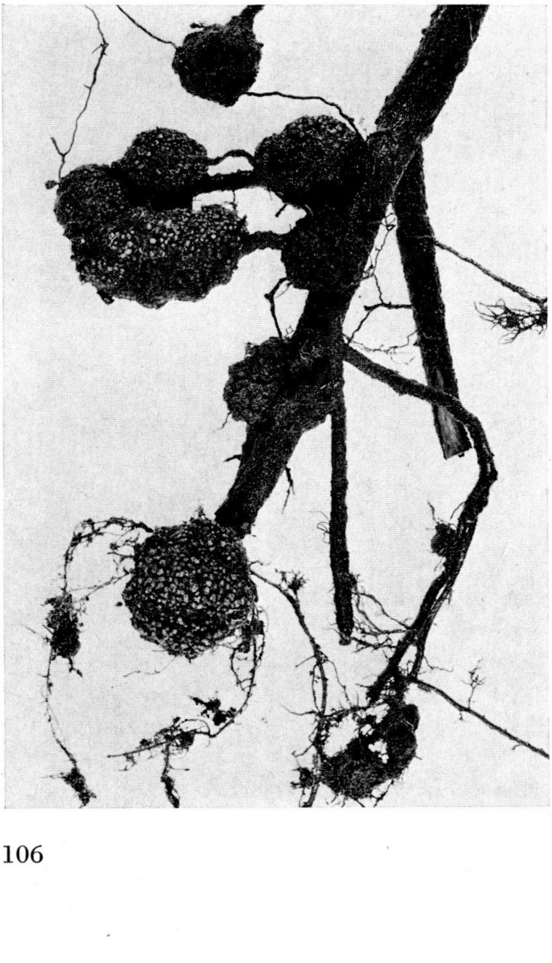

Bild 76. Knöllchen von Erle (bis etwa 5 cm groß)

Bild 77. Knöllchen von Seedorn (etwa 1,5 cm groß)

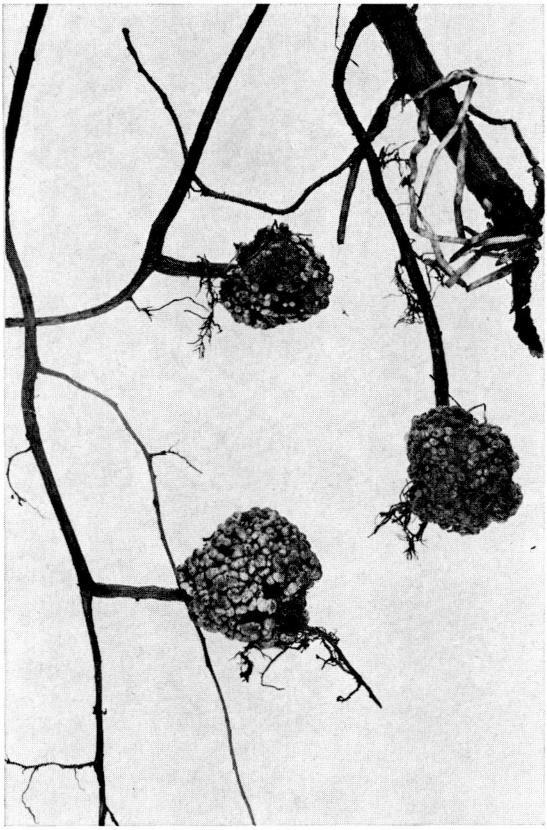

(Nitrogenase) und ein System wasserstoffliefernder Enzyme (Hydrogenasen). Das für alle Stickstoffbinder notwendige Spurenelement Molybdän ist wahrscheinlich ein wichtiger Baustein der Nitrogenase. Wie Versuche mit dem Stickstoffisotop ^{15}N ergaben, ist die erste organische Bindung, die der Stickstoff eingeht, die Glutaminsäure.

Umsetzungen anderer Mineralstoffe

Kohlenstoff und Stickstoff sind neben Wasserstoff und Sauerstoff diejenigen Elemente, die in der organischen Substanz den Hauptteil ausmachen. Bei den verschiedenen Abbau-, Umbau- und Aufbauvorgängen organischer Stoffe spielen diese daher auch mengenmäßig die größte Rolle. Eine Reihe weiterer Elemente ist aber ebenfalls für alle Lebewesen unbedingt notwendig. Phosphor, Schwefel, Magnesium und Calcium gehen organische Verbindungen ein, während Kalium wahrscheinlich nur sorptiv gebunden wird. Als Ionen

dienen diese Elemente zur Aufrechterhaltung eines optimalen Quellungszustandes des Plasmas und zum Teil der Katalyse von Stoffwechselreaktionen.
Als Beispiel für die Mineralstoffzusammensetzung von Lebewesen seien die Gehalte zweier Pflanzen angegeben, die aber nur Richtwerte darstellen (Tabelle 4).

Tabelle 4 (nach MENGEL)

Mineralstoffgehalte verschiedener Pflanzensubstanzen

Element	Grünhafer	Haferstroh	Grünraps
	(Angaben in mg/g Trockensubstanz)		
N	39	4,5	55,6
P	4,4	1,2	4,9
S	3,2	3,3	9,3
Cl	15,3	14,2	12,1
K	43	13,8	46,0
Na	5,3	3,2	1,3
Ca	9,4	9,0	29
Mg	2,1	1,0	2,0
Si	3,5	3,3	3,4
	(Angaben in ppm der Trockensubstanz)		
Fe	74	85	550
Mn	132	51	250
Cu	7,4	2,3	7
Zn	41	42	85
B	5,6	6,6	35
Mo	1,9	1,0	—

Der Anteil der Bodenorganismen an den Kreisläufen dieser Elemente kann hier allenfalls gestreift werden. Ihr Einfluß bezieht sich im wesentlichen auf die Mineralisierung, die Änderung der Löslichkeit und die Immobilisierung dieser Elemente. Auf einige Aspekte wurde schon bei der Besprechung der geobiochemischen Rolle des Edaphons hingewiesen. Weitere zusätzliche Gesichtspunkte werden erwähnt, wenn die Wirkung der Mineraldüngung auf die Bodenlebewelt behandelt wird.

Phosphor. In jungen Pflanzenteilen überwiegen die organisch gebundenen Phosphate, besonders in Form von Nukleoproteiden, während ältere mehr anorganisches Phosphat enthalten. Organische Phosphorverbindungen spielen im Eiweißstoffwechsel und bei der Energieübertragung in der Zelle eine lebenswichtige Rolle. Eine Reserveform des Phosphors ist das Phytin, das vor allem in Samen und Früchten enthalten ist.

Auch im Boden ist stets ein großer Teil des Phosphors organisch gebunden. Über die Hälfte der organischen Phosphorverbindungen liegt in Form pflanzenbürtiger Phytinderivate vor. Ihre Mineralisation wird durch Sorption organischer Phosphorverbindungen an Tonminerale erschwert. In sauren Böden bilden sich die kaum löslichen Eisen- und Aluminiumverbindungen des Phytins. Nach einer Kalkung gehen sie in mikrobiell leichter angreifbare Calciumverbindungen über. Mikroorganismen, die Phytin abbauen können, scheiden das Enzym Phytase aus. Auch der größte Teil der im Boden vorhandenen anorganischen Phosphate geht mit Calcium, Eisen und Aluminium schwerlösliche und damit schlecht pflanzenverfügbare Verbindungen ein.
Es wurde festgestellt, daß bei intensiver Mikroorganismentätigkeit der Gehalt an leichtlöslichen Phosphaten zunimmt und der der eisengebundenen Phosphate abnimmt. Eine ganze Reihe von Mikroorganismen ist zur Lösung schwerlöslicher Phosphate befähigt. Diese Organismen produzieren verstärkt organische Säuren. Die Mobilisierungseigenschaft der organischen Säuren beruht weniger auf der Beeinflussung des pH-Wertes als vielmehr auf der Bildung wasserlöslicher Chelate mit den Metallkationen der Phosphate. Als phosphatlösende Bakterien treten u. a. folgende auf: *Achromobacter, Arthrobacter*, Bazillen, *Escherichia*, Flavobakterien. Phosphatlösende Pilze finden sich bei den Gattungen *Aspergillus, Candida, Oidiodendron, Penicillium, Pseudogymnoascus* und *Rhizopus*.
Solche Pilze zeigen auch eine chemotrope Reaktion gegenüber schwerlöslichen Phosphaten, das heißt sie wachsen zu den Phosphatpartikeln hin und umspinnen sie (Bild 78). Mikroorganismen, die organische und anorganische Phos-

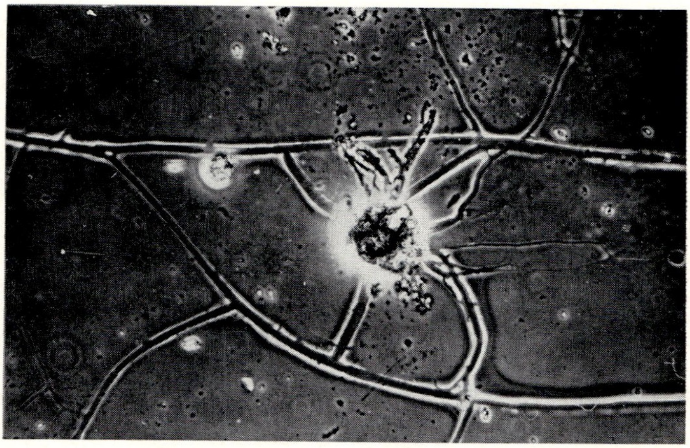

Bild 78. Pilzhyphen umgeben ein Körnchen schwerlöslichen Rohphosphats (König)

phate aufschließen, finden sich besonders zahlreich in der Rhizosphäre. Ihre für die Pflanzen nützliche Tätigkeit ist vielfach nachgewiesen worden.

In überfluteten Reisfeldern mag für die Phosphatlösung auch die Ausscheidung von organischen Säuren durch Algen eine Bedeutung haben. Für den raschen Abbau organischer Verbindungen benötigt die Mikroflora im Substrat einen gewissen Mindestgehalt an Phosphor. Beim Glucoseabbau ist ein C/P-Verhältnis von 28 bis 55 : 1 optimal. Ein 10fach weiteres Verhältnis beeinträchtigt die anfängliche Abbaugeschwindigkeit zunächst stark (Bild 79).

Die mikrobiellen Umsetzungen des **Schwefels** ähneln in vielem denen des Stickstoffs. Schwefel ist u. a. ein Bestandteil der Aminosäuren Cystin, Cystein und Methionin. Der Hauptanteil an Schwefel liegt im Boden in organischer Form vor. Bei der Mineralisierung unter aeroben Bedingungen wird Sulfat (SO_4) gebildet, bei anaerobem Abbau entsteht vorwiegend Schwefelwasserstoff (H_2S). Die Pflanzen nehmen dieses Element als SO_4-Ion auf. An den Reduktionen und Oxydationen der anorganischen Schwefelverbindungen sind eine Reihe von Bakterien beteiligt, die aber nur unter speziellen Bedingungen im Boden eine Bedeutung haben. Manche reduzieren Sulfat bei Abwesenheit von freiem Sauerstoff zu Schwefelwasserstoff. Andere, lithotrophe Bakterien gewinnen aus der Oxydation von Schwefel und Schwefelverbindungen die für die CO_2-Assimilation notwendige Energie. Die photosynthetischen

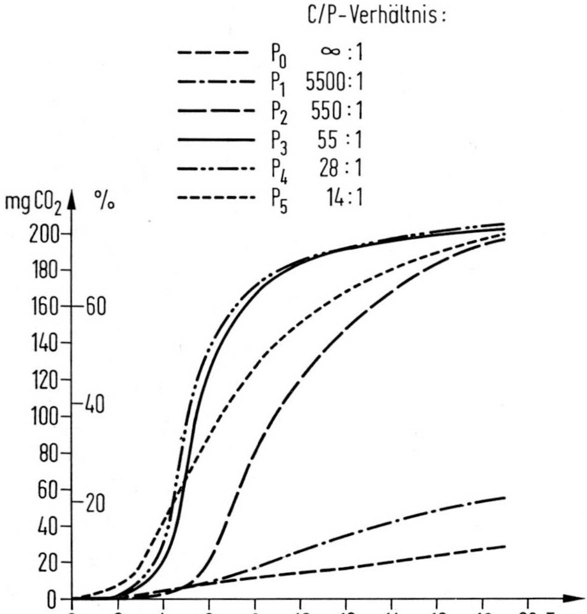

Bild 79. Glucoseabbau bei variiertem Phosphorangebot

Bild 80. Einfluß kleiner (z. B. Kalium) und großer (z. B. Natrium) Alkaliionen auf ein Enzymprotein (WILSON u. EVANS)

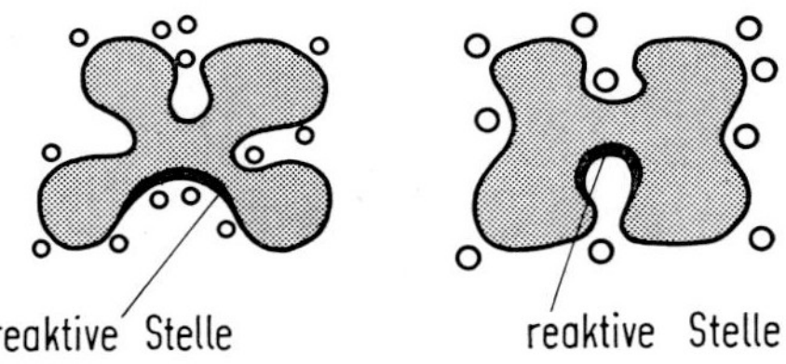

Schwefelbakterien schließlich, die Schwefelwasserstoff oxydieren, spielen im Boden ebenfalls keine Rolle.

Kalium, ein weiterer Makronährstoff der Pflanzen, ist auch für alle übrigen Lebewesen wichtig. Wie früher schon erwähnt, können bestimmte Mikroorganismen ihren K-Bedarf aus dem Kalium des Kristallgitters unlöslicher Minerale decken. Diese Mikroorganismen tragen damit zur Kaliummobilisierung und Bodenbildung bei. Auf landwirtschaftlich genutzten Böden mit hohen K-Entzügen sind die bei der Verwitterung freiwerdenden Kaliummengen bei weitem nicht ausreichend, so daß der Bedarf durch die Düngung gedeckt werden muß. Eine mikrobielle Immobilisierung des Kaliums scheint selten einzutreten. Sie setzt ein reiches Angebot leicht abbaubarer organischer Stoffe voraus. Die Funktion des Kaliums in der Zelle war lange Zeit ungeklärt. Neuere Untersuchungen zeigen, daß das Kaliumion mehr als 40 verschiedene Enzyme aktiviert. Es kann hierbei nur in beschränktem Maße von anderen Alkaliionen ersetzt werden. Die Wirkungsweise der Kaliumionen und anderer kleiner Alkaliionen stellt man sich so vor, daß diese die reaktiven Stellen eines Enzymproteins freilegen (Bild 80). Größere Alkaliionen, wie das Natrium, vermögen dagegen nicht zu den reaktiven Stellen vorzudringen. Bei K-Mangel wird die Atmung von Pflanzen und Mikroorganismen erheblich gesteigert, ohne daß es dabei zu einer Synthese von Proteinen bzw. zu einer Vermehrung der Mikroorganismen kommt. Ähnlich verhält sich in dieser Beziehung das **Magnesium,** das in den Lebewesen ebenfalls in größerer Menge vorkommt.

Neben den Makronährstoffen N, P, S, K und Mg sind eine Reihe weiterer Elemente für alle Organismen lebensnotwendig, jedoch in weit geringerer Menge (Tabelle 4). Auch an ihren Umsetzungen im Boden können Mikroorganismen Anteil haben.

Auf die Beteiligung des Edaphons an Oxydation, Reduktion und Verlagerung des **Eisens** in Podsol- und Gleyböden wurde bereits hingewiesen. Die Überführung unlöslicher Fe-Verbindungen durch mikrobielle Ausscheidungsprodukte in lösliche Chelate erhöht die Aufnahmefähigkeit des Eisens durch die Pflanzenwurzeln.

Auf die Pflanzenverfügbarkeit des **Mangans** im Boden hat die Mikroflora einen maßgeblichen Einfluß. Manganmangel ruft bei Hafer die sog. Dörrfleckenkrankheit hervor. Zu Manganmangel kommt es, wenn bei guter Durchlüftung des Bodens die löslichen zweiwertigen Manganverbindungen durch Mikroorganismen zu unlöslichem dreiwertigem Mangan oxydiert werden und dann von der Pflanze nicht mehr aufgenommen werden können. Die Manganfestlegung scheint besonders durch ein intensives Mikroorganismenleben in der Rhizosphäre gefördert zu werden, denn gegen die Dörrfleckenkrankheit stärker anfällige Hafersorten haben eine dichtere Mikroflora in der Wurzelzone als weniger anfälliger Hafer. Für die Manganoxydation sind pH-Werte über 6 besonders günstig. Die Auswirkungen der Bodenmikroflora auf die Manganverfügbarkeit sind recht kompliziert, da andererseits Mikroorganismen in der Lage sind, unter anaeroben Bedingungen dreiwertiges Mangan zu reduzieren und dabei in Lösung zu bringen. Bestimmend sind also die jeweils herrschenden ökologischen Bedingungen.

Bodenkultur und Edaphon

5

Einfluß der Düngung auf die Bodenlebewelt

Bedenkt man die Teilnahme der Bodenorganismen an der Bodenbildung und ihre Funktion im Stoffkreislauf der Natur, so liegt es auf der Hand, daß auch die landwirtschaftlichen Kulturmaßnahmen, wie Nutzungsart, Bodenbearbeitung, Düngung und Anwendung von Agrochemikalien das Bodenleben beeinflussen.

Zunächst soll auf die organische Düngung eingegangen werden. Sie übt im wesentlichen die gleichen Wirkungen auf das Edaphon aus wie die unter einer natürlichen Vegetation anfallenden Pflanzen- und Tierreste. Deshalb wird hier nur noch auf einige Besonderheiten hingewiesen. Die organische Düngung dient dazu, den Humusspiegel des Bodens zu heben oder zumindest vor dem Absinken zu bewahren, die Tätigkeit der Bodenlebewesen zur Schaffung oder Erhaltung einer guten Bodengare zu fördern, Erreger von Pflanzenkrankheiten zu unterdrücken und dem Boden außerdem noch Pflanzennährstoffe zuzuführen.

Wenn man von den Ernterückständen, insbesondere den Wurzelresten, absieht, die eine nicht zu unterschätzende Bedeutung für die Humusversorgung haben, ist die Stallmistgabe die älteste Form der organischen Düngung. Stallmist und andere organische Dünger sollten bei der Einbringung möglichst gleichmäßig im Boden verteilt werden. Die gesteigerte Aktivität des Edaphons nach einer Stallmistdüngung wird durch eine erhöhte Bodenatmung angezeigt, die über längere Zeit erhalten bleibt (siehe S. 76). Durch Stallmistdüngung werden unter den Mikroorganismen u. a. Cellulosezersetzer, Ammonifikanten, anaerobe Stickstoffbinder und selbst Nitrifikanten gefördert. Unter den Bodentieren sind es vor allem Protozoen, Nematoden, Enchyträen, Regenwürmer und Collembolen, die sich stärker vermehren. Die Zunahme der biologischen Aktivität durch organische Düngung ist in sauren Böden geringer als in neutralen. Die große Bedeutung des Mineralstoffgehalts der organischen Dünger auf ihre Abbauintensität, das Bodenleben und die Pflanzen zeigt sich bei der Strohdüngung. In vieharmen Betrieben ist die Frage der Strohverwertung ein aktuelles Problem. Stroh besteht überwiegend aus schwer zersetzlicher Cellulose und Lignin. Das extreme C/N-Verhältnis von 50 – 150 : 1 (verrotteter Wirtschaftsdünger 20 : 1!) erschwert den Abbau noch zusätzlich und führt zu einer weitgehenden Stickstoffimmobilisierung des Bodenstickstoffs (Bild 81). Wenn je dz eingeschältem Stroh gemäß der Menge an verwertbarem Bodenstickstoff nicht etwa $^1/_2$ bis 1 kg Rein-N als Ausgleich gegeben werden, kommt es bei den nachfolgenden Früchten zu empfindlichen Wachstumsstörungen durch Stickstoffmangel. Der Strohabbau im Boden wird beschleunigt, wenn das Stroh durch Häckseln zerkleinert wird und Klee oder andere Leguminosen als Unter- oder Stoppelsaat angebaut werden. Dadurch nutzt man die N-Bindung der Knöllchenbakterien aus, und eine zusätzliche Stickstoffdüngung kann entfallen. Nach Unterpflügen der N-reichen Leguminosen erfolgt eine weitere Intensivierung der Verrottung der noch vorhandenen Strohreste. Bei ständigem Getreideanbau fallen aber jedes Jahr rd. 50 dz Stroh/ha an. Damit kann die Strohverdaulichkeit des Bodens überfordert werden. Als Ausweg bleibt dann nur, das Stroh zu verbrennen und anschließend Gründüngungspflanzen anzubauen. Häufig wird Raps verwendet, der sehr schnellwüchsig ist, den Boden gut durchwurzelt und somit Mineralstoffe vor der Auswaschung bewahrt.

Die Wirkung der Mineraldüngung auf das Edaphon ist vorwiegend indirekter Art. Über ein verbessertes Pflanzenwachstum stehen den Bodenorganismen mehr Wurzelausscheidungen und nach der Ernte mehr Wurzel- und weitere Ernterückstände zur Verfügung. So kommt es, daß allein durch hohe

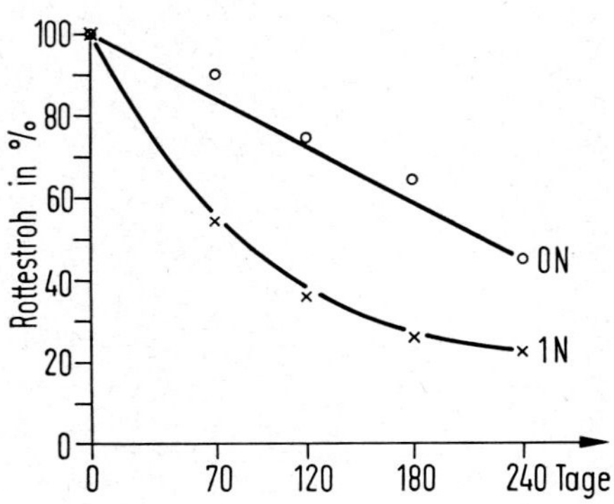

Bild 81. Abbau von Winterroggenstroh in Abhängigkeit von der Rottezeit und der Stickstoffzugabe (O N = ohne N, 1 N = mit 1 Prozent N als Ammoniumnitrat (FLAIG u. SÖCHTIG)

NPK-Düngung (ohne zusätzliche organische Düngung) der C-Gehalt des Bodens angehoben werden kann.
Eine besondere Stellung in ihrem Einfluß auf das Edaphon nehmen solche Düngemittel ein, die den pH-Wert des Bodens verändern. Zahlreiche Untersuchungen zeigen, daß nach Kalkung saurer Böden eine tiefgreifende Umschichtung der Bodenlebewelt erfolgt, die von zunehmender biologischer Aktivität begleitet wird. Tabelle 5 zeigt den Einfluß einer Gesundungskalkung zweier Böden auf verschiedene Meßgrößen der mikrobiologischen Aktivität. Die Kalkung des humosen Pseudogleys erfolgte ein dreiviertel Jahr vor der Probenahme, die Kalkung der sauren Braunerde sechs Jahre vorher.

Tabelle 5 Mikrobiologische Analyse von Kalkdüngungsversuchen *

Boden-bezeich-nung	dz CaO/ha	pH	Bakterienzahl in Mill./g Boden		CO_2-Abgabe in mg/kg/Tag	Dehydro-genase-aktivität in mg TPF **/ 10 g Boden
			fluoreszenz-mikrosko-pisch	Platten-gußverf.		
humoser	290	7,1	268	2416	661	4,0
Pseudo-gley	0	5,2	114	1832	171	2,7
saure	430	5,0	94	1728	105	1,0
Braunerde	0	3,7	77	1580	103	0,1

* unveröffentlichte Ergebnisse des Verfassers [1]
** TPF = Triphenylformazan

In dem frischgekalkten Pseudogley sind Bakterienzahl, Dehydrogenaseaktivität und vor allem die Bodenatmung (CO_2-Abgabe) sehr stark erhöht worden. Damit in Einklang steht eine Abnahme der organischen Substanz durch die Kalkung von 6,7 auf 5,7%. Auf die Ursachen der mit den beiden Zählverfahren gefundenen unterschiedlichen Bakteriengehalte ist früher schon eingegangen worden. Beide Verfahren zeigen aber die gleiche Tendenz. Die schon sechs Jahre zurückliegende Kalkung der Braunerde läßt ebenfalls noch einen deutlichen Einfluß auf Bakterienbesatz und Dehydrogenaseaktivität erkennen. Bezüglich der Bodenatmung sind Unterschiede jedoch nicht mehr festzustellen gewesen. Allerdings ist in sauren Böden auch eine abiotische CO_2-Abgabe aus Karbonat möglich, so daß die ermittelten Werte mit einem

[1] Herrn Dr. Beck, Bayerische Landesanstalt für Bodenkultur, Pflanzenbau und Pflanzenschutz, sei für die Überlassung der Bodenproben vielmals gedankt.

gewissen Vorbehalt betrachtet werden müssen. Bei der Braunerde war nach einem anfänglich erhöhten Abbau der organischen Substanz in der gekalkten Parzelle der Humusgehalt wieder angestiegen. Er betrug 4,9%, der Humusgehalt der ungekalkten Parzelle nur 3,6%. Auch aus anderen Untersuchungen weiß man, daß auf Kulturböden ein Abbau der organischen Substanz durch Kalkung nicht zu befürchten ist.

Anders verhalten sich saure Waldböden mit einer Rohhumusschicht. Nach einer Kalkung wird infolge gesteigerter biologischer Aktivität die ungünstige Auflagehumusdecke abgebaut und in Feinmoder umgewandelt. Die rasche Zunahme des Regenwurmbesatzes, der Nematoden und Milben hat daran einen maßgeblichen Anteil. Solche extrem sauren Böden leiden stets an einem Mangel an Mineralstoffen. Eine gleichzeitige NPK-Mineraldüngung beschleunigt den Rohhumusabbau zusätzlich.

Besonders ausgeprägt ist der Einfluß des pH-Wertes auf das Vorkommen von Bakterien und Pilzen in der Rhizosphäre. Während in saurem Boden die Pilzbesiedlung der Wurzelumgebung stärker ist als im undurchwurzelten Boden, kann im neutralen Rhizosphärenboden die Besiedlung sogar geringer sein als im wurzelfreien Boden. Bakterien erfahren mit einer Erhöhung des pH-Wertes (Bild 82) dagegen im Wurzelraum eine starke Förderung.

Weitere Einflüsse des pH-Wertes auf einzelne Gruppen von Bodenorganismen wurden ebenso wie ihre Beteiligung an den Umsetzungen der Mineralstoffe bereits früher erwähnt. Hier seien nur noch einige zusätzliche Angaben gemacht.

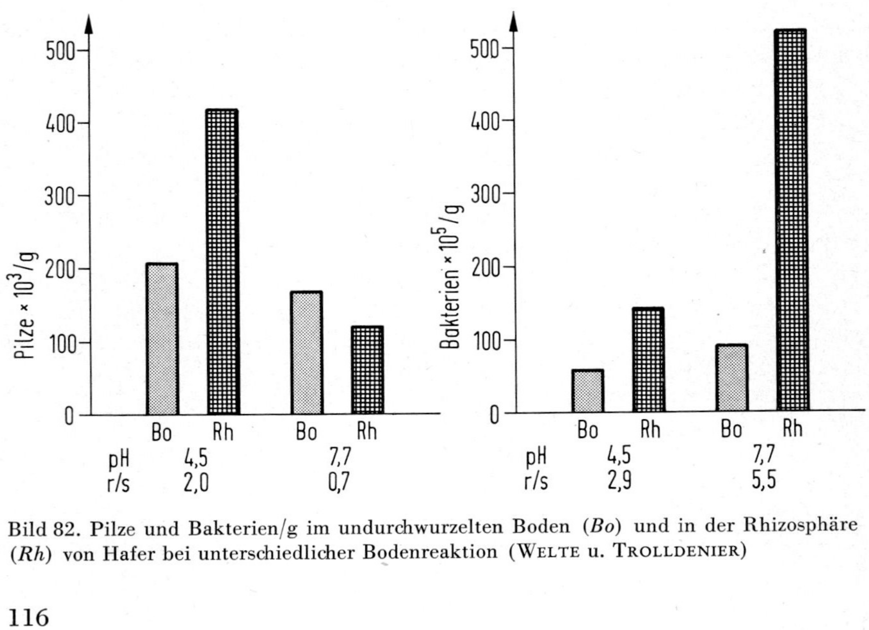

Bild 82. Pilze und Bakterien/g im undurchwurzelten Boden (*Bo*) und in der Rhizosphäre (*Rh*) von Hafer bei unterschiedlicher Bodenreaktion (Welte u. Trolldenier)

Die stärkste Förderung der Mikroorganismen und Bodentiere tritt ein, wenn auf Kulturböden organische und mineralische Volldüngung kombiniert verabreicht werden. In diesem Fall ist auch die Besatzdichte der zumeist wichtigsten Tiere, der Regenwürmer, am höchsten. Gleichzeitig ist ihre Losungsproduktion sowie die Zahl der Regenwurmgänge am größten. Verschiedene Stickstoffdüngemittel üben kurz nach ihrer Ausbringung eine hemmende Wirkung auf die Bodenlebewelt aus, die aber nur vorübergehend ist. So tritt, wenn Kalkstickstoff ($CaCN_2$) gestreut wird, bei dessen Umsetzung vorübergehend Cyanamid auf, das eine keimtötende Wirkung hat. Diese wird zur Bekämpfung der durch Pilze hervorgerufenen Halmbruchkrankheit des Weizens ausgenutzt. Auch auf die Bodenmikroflora ist zuweilen einen Tag nach der Düngung ein Cyanamidschock festzustellen, der aber bald durch eine stürmische Vermehrung der Mikroben abgelöst wird. Nach Düngung mit Ammoniakwasser erniedrigt sich die Zahl der Pilze für 5 bis 7 Wochen, die Zahl der Bakterien aber nur für 3 Tage. Auch in den Boden eingebrachtes gasförmiges Ammoniak ruft eine Zunahme der Bakterienzahl und eine mehrere Monate anhaltende Abnahme der Pilzdichte hervor.

Abgesehen von der spezifischen Wirkung dieser Stickstoffdüngemittel und der Wirkung anderer N-Dünger auf die Mikroorganismen des Stickstoffkreislaufs, kann allgemein gesagt werden, daß die biologische Aktivität im Boden durch einen Pflanzennährstoff um so mehr gefördert wird, je stärker er das Wachstum der Pflanzen steigert und dadurch die auf dem Felde verbleibenden Ernterückstände vermehrt. Die Pflanzenreste stellen eine wichtige Nahrungsbasis für das Edaphon dar.

Differenziert muß dagegen die Wirkung der einzelnen Mineralnährstoffe auf die im Wurzelraum vorkommenden Mikroben betrachtet werden. Die Rhizosphärenorganismen ernähren sich vorwiegend von organischen Stoffen, die von den Wurzeln abgegeben werden. Die Ausscheidung dieser Stoffe hängt wiederum vom Ernährungszustand der Pflanzen ab. Mit steigender Stickstoffernährung erhöht sich in der Pflanze der Gehalt an löslichen organischen Stickstoffverbindungen, hauptsächlich an Aminosäuren. Bei stickstoffreichen Pflanzen werden Aminosäuren verstärkt ausgeschieden. Da ein großer Teil der Rhizosphärenbakterien Aminosäuren gut verwertet, wird die Rhizosphäre solcher Pflanzen dichter besiedelt als die von N-Mangelpflanzen. Bei hoher Phosphorsäure- und Kaliversorgung werden die leichtlöslichen niedermolekularen Stoffe in der Pflanze schneller zu höhermolekularen Kohlenhydraten und Zelleiweiß synthetisiert. Infolgedessen ist die Wurzelausscheidung vermindert und die Mikrobenbesiedlung im Wurzelraum geringer.

Wegen der unterschiedlichen Menge und stofflichen Zusammensetzung der Ernterückstände überrascht es nicht, daß Nutzungsart und Fruchtfolge einen tiefgreifenden Einfluß auf das Bodenleben haben. Günstig auf das Edaphon und die Erträge nachfolgender Kulturen wirkt sich immer die Einschaltung von Futterpflanzen aus. Durch sie werden insbesondere Bakterienbesatz, Bodenatmung, Nitrifikation und Cellulosezersetzung sowie unter den Bodentieren Collembolen und Regenwürmer gefördert.

Wirkung von Agrochemikalien auf das Edaphon

Neben den organischen Düngestoffen und den anorganischen Düngesalzen werden bei der modernen Pflanzenproduktion in wachsendem Maße Chemikalien eingesetzt, die der Ertragssicherung und -steigerung dienen. Solche Mittel werden zusammengefaßt als „Agrochemikalien" bezeichnet. Das gemeinsame der verschiedenartigen Substanzen ist, daß sie schon in geringer Dosis angewandt, große Wirkungen erzielen. Vielfach handelt es sich um Verbindungen, die bisher in der Natur nicht existierten. Manche sind äußerst widerstandsfähig (persistent) gegen einen Wiederabbau, so daß es bei mehrfacher Anwendung zur Anreicherung nicht nur im Boden, sondern auch in den Bodenorganismen, in den Pflanzen und schließlich in allen Gliedern der Nahrungskette kommt. Die große Gefahr einer weltweiten Störung des biologischen Geschehens durch fortschreitende Anwendung von Agrochemikalien wird nur gebannt, wenn sie nach ihrer Anwendung wieder abgebaut werden. Der Abbau geschieht vorwiegend durch das Edaphon. Das zeigt sich schon allein daran, daß in sterilem Boden noch nach längerer Zeit fast die gesamte zugegebene Menge einer solchen Substanz wiedergefunden wird. Eine gewisse Verminderung des Gehaltes kann gemäß den Eigenschaften der Chemikalien auf abiotischem Wege durch photochemische Reaktionen, Verdampfung und Auswaschung eintreten.

Bioregulatoren. Immer stärkere landwirtschaftliche Bedeutung erlangt eine Gruppe von Stoffen, die als Bioregulatoren zusammengefaßt werden und die das Wachstum und den Ertrag der Kulturpflanzen beeinflussen. Teils handelt es sich um pflanzeneigene Hormone, teils um synthetische Produkte. Unter den Stoffen, die das Pflanzenwachstum hemmen ohne Mißbildungen hervorzurufen, ist das CCC (Chlorcholinchlorid) am bekanntesten geworden. Es verringert das Streckungswachstum der Weizenhalme und erhöht dadurch die Standfestigkeit des Weizens. Bei der Spritzung der jungen Pflanzen gelangt CCC auch in den Boden. Es wird in den Pflanzen wie auch vom Edaphon im Boden schnell abgebaut.

Herbizide. In Tausenden von Tonnen werden jährlich zur Unkrautbekämpfung Herbizide eingesetzt. Es handelt sich um synthetische Stoffe, die zum Teil ebenfalls Hormoncharakter haben und die das Wachstum bestimmter Pflanzen selektiv hemmen. Die gebräuchlichsten Herbizide sind Derivate der Phenoxyessigsäure (2,4-D, MCPA), Carbamate, Harnstoffderivate, chlorierte aliphatische Säuren und Triazine. Die meisten Herbizide werden im Boden rasch, zumindest innerhalb einer Vegetationsperiode, abgebaut. Der Abbau erfolgt am schnellsten in Böden hoher mikrobieller Aktivität. Manche Herbizide, wie das Simazin (Triazin), üben auf bestimmte Mikroorganismen, u. a. Cellulosezersetzer, eine deutliche Nährstoffwirkung aus. Bei anderen erfolgt der Abbau langsam und nur, wenn die Konzentration niedrig ist. Als besonders herbizidempfindlich gelten die Bodenalgen. Die Grünalge *Chlorella vulgaris* dient aus diesem Grunde auch zum empfindlichen Nachweis von Herbiziden. Sie wird noch durch 0,5 ppm eines Herbizids aus der Gruppe der Harnstoffderivate an der Teilung gehindert. Zwar werden nach Herbizidanwendung die Gesamtbakterienzahl und die CO_2-Produktion des Bodens kaum vermindert, doch können andere Kriterien des Bodenlebens, wie Dehydrogenaseaktivität, N-Bindung, Nitrifikation und Denitrifikation über Monate hinweg beeinträchtigt sein. In der Nitrifikationshemmung verschiedener Herbizide und anderer Pflanzenschutzmittel erblickt man neuerdings einen günstigen Nebeneffekt, um Stickstoffverluste durch Auswaschung und Denitrifikation von Nitrat zu vermeiden. Wenn aber nur der zweite Schritt der Nitrifikation, die Umwandlung von Nitrit in Nitrat, gehemmt wird, dann reichert sich pflanzengiftiges Nitrit im Boden an. Deshalb sollte vor einer Verwendung dieser Chemikalien zur Verhinderung der Nitrifikation bekannt sein, ob ammoniak- und nitritoxydierende Bakterien betroffen werden. Außerdem sind die Persistenz und der Einfluß auf die übrigen Glieder der Bodenbiozönose genauestens zu prüfen, da sich kurzfristige Erfolge nach einer Anwendung evtl. in langanhaltende Störungen der biologischen Kreisläufe umkehren könnten. In diesem Zusammenhang sei auch eine zumindest ebensogroße Gefahr bei der Anwendung bestimmter Agrochemikalien, insbesondere der nachfolgend zu besprechenden, erwähnt. Sie besteht darin, daß die Substanzen – oder giftige Umwandlungsprodukte – in die Nahrungskette Pflanze – Tier – Mensch gelangen, sich in den Organismen unter Umständen beträchtlich anreichern und dann zu schweren Gesundheitsschäden führen.

Insektizide. Viele der modernen Insektizide sind schwer in Wasser löslich und schon aus diesem Grunde schlecht für Mikroorganismen angreifbar. Durch besonders lange Verweilzeiten im Boden zeichnen sich die sog. chlorierten Kohlenwasserstoffe aus, von denen das DDT am längsten bekannt ist. Mit der hohen Persistenz der chlorierten Kohlenwasserstoffe verbunden ist bei wiederholter Anwendung eine Anreicherung im Boden, die erst nach jahrelangem Gebrauch erkannt wurde. Die chlorierten Kohlenwasserstoffe Aldrin, Chlordan, Endrin und Toxaphen, die einem sandigen Lehmboden zugemischt waren, wurden nach 14 Jahren noch zu 40 – 45% und DDT nach 17 Jahren noch zu 39% wiedergefunden. Durch diese Insektizide werden

Knöllchenbakterien, cellulolytische Bakterien und Grünalgen besonders geschädigt. Natürlich werden auch die nützlichen Bodentiere stark in Mitleidenschaft gezogen. Das ebenfalls zu dieser Gruppe gehörende Lindan ist besonders giftig. Bei vorgeschriebenen Aufwandmengen werden Collembolen und Milben im Waldboden total vernichtet. Nach der Engerlingsbekämpfung eines Wiesenbodens mit Lindan wurde der Regenwurmbesatz um 75% reduziert. Ebenso tritt bei der Drahtwurmbekämpfung mit Aldrin, Dieldrin und Heptachlor eine Schädigung der übrigen Bodentiere ein. Die Erkenntnis der schädlichen Auswirkungen der chlorierten Kohlenwasserstoffe in den einzelnen Gliedern der Nahrungsketten hat dazu geführt, daß ihre Anwendung in vielen Ländern gesetzlich eingeschränkt wurde.
Zwar werden die zur Gruppe der Phosphorsäureester gehörenden Insektizide durch die Mikroflora im Boden schnell abgebaut, doch wirken sie auf die Bodenfauna noch viel toxischer.
Fungizide. Naturgemäß werden durch Fungizide, Präparate zur Bekämpfung pilzparasitärer Krankheiten, auch Bodenmikroorganismen stark geschädigt. Das Präparat TMTD verursacht eine anfängliche Reduzierung der Mikroorganismenzahl, die sich aber mit der Zeit wieder ausgleicht. Auch die Mykorrhizabildung wird durch Fungizide beeinträchtigt. In Intensivkulturen werden schließlich noch weitere Chemikalien angewandt, die wie bei der Hitzebehandlung des Bodens durch „Dämpfen" ein Absterben fast aller Lebewesen bewirken. Zweck dieser Maßnahme ist die Abtötung von bodenbürtigen Krankheitserregern und Schädlingen. Glücklicherweise werden die pathogenen Bodenpilze stärker betroffen als die saprophytischen Organismen. Mit der Bodendesinfektion wird eine starke Nährstoffmobilisierung erreicht, die ein besseres Pflanzenwachstum zur Folge hat und sich auch in einer alsbald einsetzenden starken Vermehrung der übriggebliebenen Mikroorganismen äußert.
Die zunehmende Erkenntnis der großen Gefahren, die in einer bedenkenlosen Anwendung von Agrochemikalien, insbesondere von Pflanzenschutzmitteln, liegen, hat zu einer derzeit intensiven Erforschung ihrer Wirkung auf das Ökosystem geführt. Doch nur langfristige Untersuchungen über ihren Abbau unter verschiedenen Boden- und Klimaverhältnissen werden sichere Aussagen darüber gestatten, mit welchen Mitteln eine anhaltende oder gar fortschreitende Vergiftung der Umwelt und eine Beeinträchtigung der Stoffkreisläufe in der Natur vermieden wird.

Bodenbearbeitung und Edaphon

Seit alters her werden Ackerböden gelockert, umgegraben und gepflügt. Trotz dieser Anstrengungen wird kaum die in unbearbeiteten Böden unter

Kleegras oder Grünland bestehende günstige Bodenstruktur erreicht. Für den optimalen Garezustand der Grünlandböden ist allein ihre hohe biologische Aktivität verantwortlich (vgl. S. 96). Auch im Ackerboden kann eine gute Bodenstruktur auf die Dauer ebenfalls nur durch die Förderung des Bodenlebens erreicht werden. Mechanische Bodenbearbeitungsmaßnahmen, wie Pflügen, Fräsen und Eggen, sollten sich lediglich auf die Bereitung des Saatbeets, die Unkrautbekämpfung und die Unterbringung von Düngerstoffen beschränken. Vielerorts wird heute eine Direktsaat ohne vorherige mechanische Bodenbearbeitung angestrebt. Die Direktsaat hat allerdings eine sehr gute Bodenstruktur zur Voraussetzung, die mit einer hohen biologischen Aktivität verbunden ist. Vielleicht liegt darin die Ursache für die Beobachtung, daß mit dem Direktsaatverfahren bestellter Weizen weniger von Fußkrankheiten befallen wird. Bei der mechanischen Bodenbearbeitung, insbesondere dem Fräsen, werden größere Bodentiere stark geschädigt. Um das Bodenleben möglichst wenig zu stören, muß deshalb sehr auf den Bearbeitungszeitpunkt geachtet werden. Eine Schälfurche im Sommer richtet unter den Regenwürmern wenig Schaden an, da sich die Tiere in den trockenen Sommermonaten in größere Tiefen zurückziehen. Dagegen fallen dem Pflügen im Spätherbst zahlreiche nach oben beförderte Regenwürmer durch Frosteinwirkung zum Opfer. Sie werden beim Pflügen von ihren Fluchtwegen, den in die Tiefe führenden Röhren, abgeschnitten.

Zu ernsthaften Strukturschäden kann die Bodenbearbeitung tonreicher Böden in sehr nassem Zustand mit schweren Schleppern führen. Durch den Druck des Schlepperrades kommt es im Bereich der Pflugsohle zu einem Zerfall der Krümel und zu Bodenverdichtungen. Damit werden wiederum eine ganze Reihe ungünstige Prozesse eingeleitet. Infolge der Zerstörung der größeren luftenthaltenden Poren tritt Sauerstoffmangel ein. Die Bodentiere wandern dann aus oder sterben ab. Die aeroben Mikroorganismen stellen ihre Tätigkeit ein. Statt dessen entwickelt sich eine anaerobe Mikroflora, die die organischen Stoffe nicht mehr in der gewünschten Weise abbauen kann. Als Endprodukte des als Fäulnis bezeichneten anaeroben Abbaus treten verschiedene organische Säuren, wie Fumarsäure, Milchsäure, Buttersäure, Citronensäure und Schwefelwasserstoff auf. Schwefelwasserstoff wirkt auf Regenwürmer auch direkt toxisch. Die produzierten Säuren führen zu einer Entbasung des Bodens; u. a. wird Calcium in Lösung gebracht und ausgewaschen. Dadurch entfällt seine flockende und aggregatstabilisierende Wirkung. Die außerdem eintretende denitrifizierende Tätigkeit anderer Bakterien resultiert in erheblichen Stickstoffverlusten (vgl. S. 102). Nur wenn solche verdichteten Böden wieder in einen guten Kalkversorgungszustand gebracht werden und durch Zufuhr organischer Substanz das Bodenleben gefördert wird, können Strukturschäden behoben werden. Den Regenwürmern kommt für die Auflockerung der Unterbodenverdichtungen eine besondere Bedeutung zu. Sie schaffen durch Anlage von Vertikalröhren neue Grobporen, die wieder eine wirksame Drainage herbeiführen.

Bodenimpfung

Die Erkenntnis der für die Aufrechterhaltung einer hohen Bodenfruchtbarkeit unerläßlichen Tätigkeit der meisten Mikroorganismen und Bodentiere führte schon bald zu Bemühungen, mit einer Bodenimpfung, das heißt dem Zusatz von nützlichen Organismen zum Boden, eine Verbesserung der Bodeneigenschaften und Pflanzenerträge zu erreichen. Grundsätzlich ist zur Bodenimpfung zu bemerken, daß Mikroorganismen und viele Bodentiere sich wegen ihrer Kleinheit von selbst sehr schnell ausbreiten oder durch größere Tiere und die Atmosphärilien verschleppt werden. Das beste Beispiel für die Allgegenwart von Bodenorganismen ist das Auftauchen von Pflanzenkrankheitserregern. Die Abwesenheit oder die schwache Lebensentfaltung bestimmter Organismen in einem Biotop ist daher zumeist auf ungünstige Lebensbedingungen, wie Fehlen geeigneter Nahrung, mangelnde Konkurrenzfähigkeit gegenüber anderen Gliedern der Biozönose oder schlechte Gestaltung weiterer Umweltfaktoren, zurückzuführen. Eine Impfung des Bodens mit nützlichen Organismen wird nur dann erfolgversprechend sein, wenn diese sich in dem Ökosystem behaupten können und dort ihre „ökologische Nische“ finden.
Die Impfung von Leguminosen mit Knöllchenbakterien ist eine seit langem mit Erfolg praktizierte Maßnahme, um bei Leguminosenanbau eine wirksame Symbiose zu gewährleisten. Wenn erst nach langen Jahren wieder eine Leguminosenfrucht angebaut wird, so ist die Behandlung der Samen mit einem Impfpräparat, das aus einem Träger wie Torf oder Kieselerde und den spezifischen Rhizobien besteht, sehr zu empfehlen. Die Knöllchenbakterien, die auf diese Weise in die Rhizosphäre der jungen Pflanzen gelangen, dringen in die Sämlinge ein und führen zu einer frühzeitigen Knöllchenbildung. Entscheidend für den Erfolg der Leguminosenimpfung ist, daß das Impfpräparat hochwirksame und gegenüber den anderen Gliedern der Biozönose konkurrenzfähige Rhizobien enthält. Unter Berücksichtigung dieses Umstandes kann die Impfung selbst dann noch zu höheren Erträgen führen, wenn im Boden bereits für die Pflanze spezifische Rhizobien vorkommen. Es wird geschätzt, daß die im Boden vorhandenen Knöllchenbakterien zu etwa 25% unwirksam sind. Das Vorkommen solcher Bakterien zeigt sich in der Bildung kleiner, über das ganze Wurzelsystem verstreuter Knöllchen. Effektive Rhizobien bilden dagegen nur wenige, aber große, innen rötlich gefärbte Knöllchen. Besonders auf sauren Böden ist eine Impfung mit wirk-

samen Knöllchenbakterien zu empfehlen, da in solchen Böden der Anteil an ineffektiven Bakterien sehr hoch ist.
Zeitweise wurde früher und wird gelegentlich auch heute noch die Samenimpfung der verschiedensten Kulturpflanzen mit anderen Mikroorganismen praktiziert. Dadurch soll das Pflanzenwachstum verbessert oder der Krankheitsbefall vermindert werden. Hergestellt wurden Impfkulturen aus *Azotobacter*, „Phosphatbakterien“ und „Silikatbakterien“. *Azotobacter*-Impfung soll über eine verbesserte N-Versorgung der Pflanzen oder über Wuchsstoffbelieferung wachstumsfördernd wirken. Impfung mit Phosphatbakterien *(Bacillus megaterium* var. *phosphaticum)* würde schwerlösliche Phosphate pflanzenverfügbar machen. Die Silikatbakterien, so wird angegeben, verbessern die K-Versorgung der Pflanzen, indem sie Silikate angreifen und dabei Kalium freisetzen. Erinnern wir uns der obigen Ausführungen, so verwundert es nicht, daß angebliche Impferfolge in Versuchen unter Praxisbedingungen häufig innerhalb der Fehlergrenzen lagen.
Die Anstrengungen, über eine Impfung die Nährstoffversorgung der Pflanzen zu verbessern, müssen nach der Zahl der darüber erschienenen Veröffentlichungen außerordentlich groß gewesen sein. Sie sind – wenigstens teilweise – aus der Knappheit an Mineraldüngemitteln zu verstehen.
Hingegen stellt die Impfung mit Mykorrhizapilzen bei der Aufforstung von Steppenböden eine wirksame Maßnahme dar, um die Entwicklung der Bäume zu fördern bzw. erst zu ermöglichen. Sie kann entweder mit Waldhumus oder mit Reinkulturen von Mykorrhizapilzen erfolgen, die auf Torf angezogen wurden.
Es hat nicht an Versuchen gefehlt, auch bodenbürtige Krankheiten durch Zugabe von antagonistischen Mikroorganismen direkt zu bekämpfen. Diese Bemühungen scheiterten zumeist, weil die Konkurrenz der bodenständigen Biozönose ihrer Ausbreitung Grenzen setzt. Lediglich gegenüber Sämlingskrankheiten könnte eine Samenimpfung unter Umständen Erfolg haben, denn die Antagonisten hätten sich nur kurze Zeit in der Rhizosphäre zu behaupten. Positiv verliefen entsprechende Versuche bei Mais. Im übrigen sind jedoch die bodenbürtigen Pflanzenkrankheitserreger nur über sachgemäße Fruchtfolge- und Düngungsmaßnahmen in Schach zu halten.
Schließlich sind auch Fälle bekannt geworden, in denen das Einsetzen von Regenwürmern in den Boden seine Fruchtbarkeit steigerte. Bei der Neulandgewinnung in niederländischen Poldern und in Trockengebieten Usbekistans, die nach Bewässerung landwirtschaftlich genutzt wurden, fehlten ursprünglich die Regenwürmer. Dadurch häuften sich auf der Bodenoberfläche unzersetzte Pflanzenreste an. Nach der Ansiedlung von *Allolobophora caliginosa* und anderen Regenwürmern verschwand diese Auflage. Außerdem verbesserten sich die physikalischen Eigenschaften der Böden entscheidend.

Das Zusammenleben der Bodenorganismen

6

Förderung und Hemmung

In den vorangegangenen Kapiteln wurden die mannigfaltigen Stoffumsetzungen besprochen, die von der Bodenlebewelt ausgeführt werden. Dabei kam wiederholt zum Ausdruck, daß die an den einzelnen Stoffkreisläufen beteiligten Organismen einander ablösen. Sie leben in Metabiose, wie man sagt. Eine Metabiose besteht beispielsweise bei den Mikroben des Stickstoffkreislaufes. Die Umformung des Stickstoffs erfolgt nacheinander durch Ammonifikanten, Nitrifikanten und Denitrifikanten. Nahrungsketten, bei denen ein Lebewesen sich von den Stoffwechselprodukten des anderen ernährt, treten in der Natur sehr häufig auf. Denken wir auch an die in der Streuschicht vorkommenden Bodentiere. Die Exkremente der Primärzersetzer dienen den Koprophagen als Nahrung, und deren Exkremente werden neuerlich von anderen Koprophagen verzehrt (vgl. S. 68 ff.). Über einfache Metabiose hinaus bestehen komplizierte Wechselwirkungen zwischen Bodenorganismen, die ja auf engstem Raum zu Milliarden nebeneinander leben. Die Wirkungen reichen von gegenseitiger Förderung und Ergänzung (Synergismus) über Nahrungskonkurrenz bis hin zur Hemmung des einen Lebewesens durch ein anderes (Antagonismus) und zum Parasitismus. Oftmals wird die Beobachtung gemacht, daß Mikroorganismen in Mischkultur besser wachsen als in Reinkultur. Die Mikroorganismen liefern sich gegenseitig bestimmte Vitamine oder Aminosäuren, die sie nicht selbst synthetisieren können, aber zum

Wachstum benötigen. Solche Beziehungen müssen nicht zu ganz bestimmten Partnern bestehen. Beispielsweise wächst die Blaualge *Nostoc* besser, wenn sie von Bakterien oder Streptomyceten begleitet wird. Auch Cellulosezersetzer können in Gemeinschaft mit stickstoffbindenden Bakterien *(Azotobacter)* und mit Denitrifikanten leben. Die Cellulosezersetzer liefern den Stickstoffbindern verwertbare Zucker und organische Säuren und erhalten dafür stickstoffhaltige Verbindungen. Beim Zusammenleben mit Denitrifikanten verbrauchen sie den Sauerstoff der Umgebung und sorgen so für ein anaerobes Milieu, in dem erst eine Denitrifikation möglich ist. Wenn ganz spezielle Lebewesen zu gegenseitigem Nutzen zusammenleben und sich dabei gegenseitig räumlich durchdringen, so spricht man von einer Symbiose. Bisher sind uns Symbionten bei den Flechten (S. 28) und bei den Pflanzen mit stickstoffbindenden Mikroorganismen (S. 105) begegnet. Auch die eigenartige Symbiose von cellulosezersetzenden Flagellaten mit Termiten wurde erwähnt (S. 45). Auf die Symbiosen zwischen Pflanzen und Mikroben soll wegen ihrer großen praktischen Bedeutung noch ausführlicher eingegangen werden.

Der Umfang der Population einzelner Bodenbewohner sowie die Mannigfaltigkeit der gesamten Biozönose wird durch das Angebot an Nährstoffen und durch den Raum begrenzt. Da gewöhnlich der Bedarf an Nährstoffen das Angebot übersteigt, findet ständig ein Wettbewerb zwischen den einzelnen Individuen und Gliedern der Biozönose statt. Zu begrenzenden Faktoren werden leicht Kohlenstoffquellen, Sauerstoff, Stickstoff, Phosphor und Schwefel. Selbstverständlich konkurrieren um die leicht abbaubaren organischen Stoffe besonders viele Organismen. Neben der einfachen Nahrungskonkurrenz sind für das Bestehen eines biozönotischen Gleichgewichts Hemmwirkungen von großer Bedeutung, die man auch als Antibiose bezeichnet. Antibiotisch bzw. antagonistisch wirksame Mikroorganismen scheiden sog. Antibiotika aus. Diese Stoffe bewirken in geringer Konzentration eine Hemmung oder Abtötung anderer Mikroorganismen. Eine bakterienhemmende Wirkung bezeichnet man als bakteriostatisch, eine bakterientötende als bakterizid. Entsprechend unterscheidet man bei Pilzen fungistatische und fungizide Wirkungen. Der Antagonismus zwischen Mikroorganismen ist bisher vornehmlich in vitro untersucht worden. Impft man zwei Mikroorganismen auf einen Nährboden, so läßt sich die Ausscheidung eines Antibiotikums an charakteristischen Hemmzonen leicht feststellen (Bild 83). Die meisten Antibiotika wirken selektiv gegen bestimmte Organismen. Überaus zahlreich sind Antibiotikabildner unter den Actinomyceten. Wichtige, von Actinomyceten gebildete Antibiotika sind u. a. Streptomycin, Aureomycin und Chloramphenicol. Von ALEXANDER FLEMING wurde 1928 die antibakterielle Eigenschaft des Pilzes *Penicillium notatum* entdeckt, die 1940 zur Isolierung

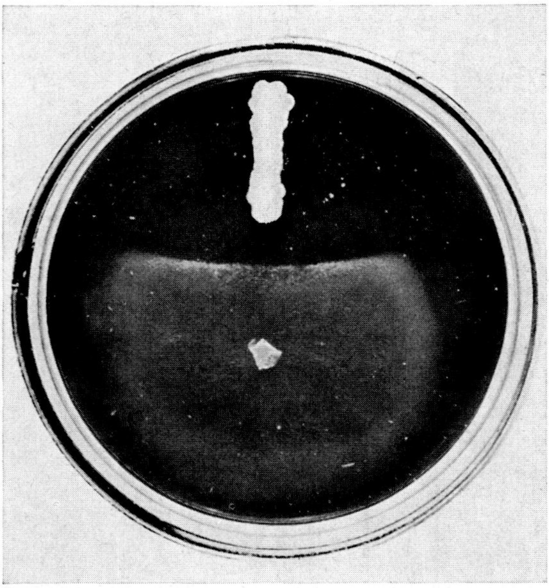

Bild 83. Hemmung des Pilzes *Ophiobolus graminis* (oben) durch einen Actinomyceten (unten)

einer wichtigen Gruppe von Antibiotika, der Penicilline, führte. Penicillin wirkt spezifisch gegen grampositive Bakterien. Unter den Bakterien produzieren vor allem Bacillen und Pseudomonaden Antibiotika. Solche von Pseudomonaden gebildeten Stoffe können auch gegen Protozoen aktiv sein.

Die Funktion der Antibiotika als Waffe im Kampf zwischen Mikroorganismen ist nur auf die unmittelbare Umgebung der Produzenten beschränkt, denn im Boden konnten bisher nur Spuren von Antibiotika festgestellt werden. Ihre Wirksamkeit wird durch Adsorption an Tonminerale herabgesetzt. Hinzu kommt, daß Antibiotika durch andere Mikroben wieder abgebaut werden.

Für die Populationsdichte der Bodenbiozönose sind schließlich die verschiedenen Formen des Parasitismus und der räuberischen Lebensweise vieler Bodentiere wichtig. Die Bakterienzahl wird in Grenzen gehalten durch bakterienfressende Myxobakterien, Schleimpilze, Protozoen und Nematoden. Auch die Vertreter der Mesofauna, wie Collembolen, ernähren sich überwiegend von Bakterien und Pilzen. Für die höhere Pflanze kann diese Tätigkeit dann von Vorteil sein, wenn phytopathogene Mikroben vernichtet werden. Innerhalb der Bodenfauna gibt es zahlreiche Räuber, die sich von anderen Bodentieren ernähren und deren Überhandnehmen kontrollieren.

Unter den Mikroorganismen treten außer bei den erwähnten Myxobakterien auch Pilze mit räuberischer Lebensweise auf. Diese Pilze besitzen Fangapparate aus schlingenartigen Hyphen, mit denen sie Amöben und Nematoden einfangen. Bleibt ein Tier darin hängen, so werden Saughyphen in das tierische Gewebe gesandt und das Innere resorbiert (Bild 84). Die Lyse von Pilzen durch andere Pilze, Actinomyceten und Bakterien ist ebenfalls anzutreffen (Bild 85). Erst 1962 wurde von STOLP entdeckt, daß auch Bak-

wenn das befallene Bacterium völlig lysiert ist. Von *Bdellovibrio* bevorzugte Bakterien sind Pseudomonaden, Enterobakterien und andere gramnegative Bakterien. Die „Raubbakterien" sind in Böden weit verbreitet, doch kann ihre ökologische Bedeutung für das biozönotische Gleichgewicht im Boden noch nicht abgeschätzt werden.

Auf mikroorganismenbefallende Viren wurde schon auf S. 20 f. eingegangen.

In der natürlichen Biozönose besteht ein dynamisches Gleichgewicht zwischen den anfälligen Lebewesen und ihren Feinden, zwischen Jägern und Gejagten. Dieses Gleichgewicht kommt u. a. darin zum Ausdruck, daß von außen eindringende fremde Lebewesen sich in dem betreffenden Ökosystem selten behaupten können.

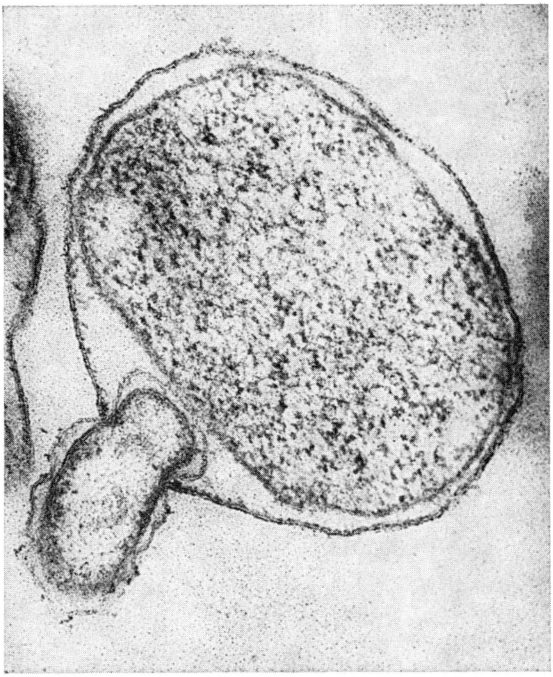

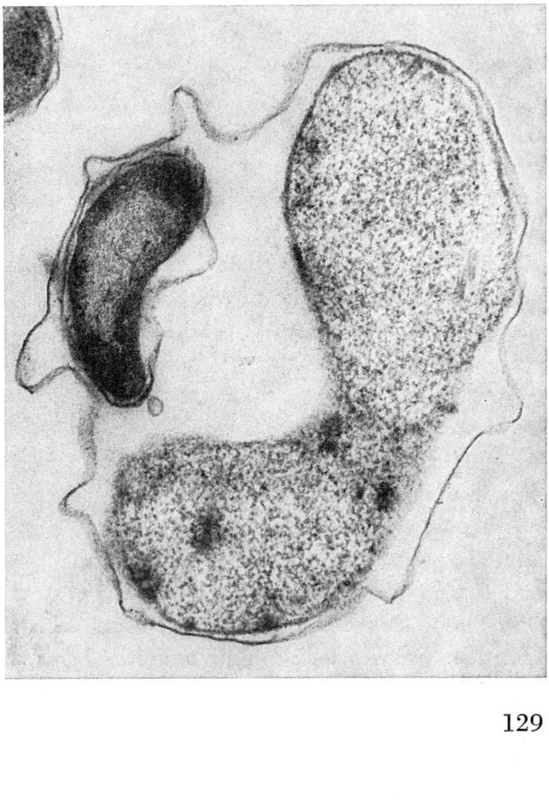

Bild 88. (oben) Das Raubbacterium beim Eindringen in seinen Wirt.
Bild 89. (rechts) Nach dem Eindringen wird das Cytoplasma der Wirtszelle völlig lysiert
Abbildungen von Ultradünnschnitten (STOLP u. PETZOLD)

Direkte Beziehungen zwischen Pflanzen und Edaphon

Besonderes Interesse verdienen die mannigfaltigen Wechselwirkungen zwischen Bodenorganismen und Pflanzenwurzeln. Sie sind von außerordentlicher Bedeutung für die natürliche Vegetation und den Anbau von Kulturpflanzen. Die Beziehungen zwischen Pflanzen und Edaphon lassen sich folgendermaßen darstellen:

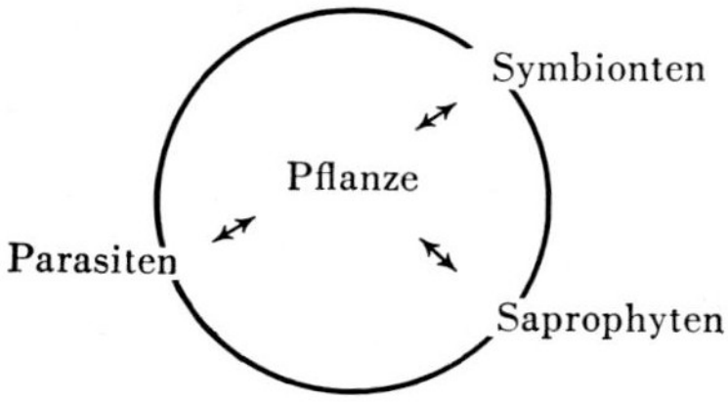

Das Schema deutet an, daß ein Teil der Bodenlebewesen die Wurzeln als harmlose Saprophyten umgibt, andere als Parasiten in die Wurzeln eindringen und sie schädigen und eine dritte Gruppe zwar ebenfalls in die Wurzeln eindringt, sich dort aber als Symbionten für die Pflanzen als nützlich erweist. Zwischen diesen Gruppen existieren keine strengen Grenzen. Selbst die ökologischen Bedingungen beeinflussen das Verhältnis von Pflanzen und Bodenorganismen.

Die Rhizosphäre

Uns soll zunächst das lockere Zusammenleben von Pflanzenwurzeln und saprophytischen Bodenorganismen beschäftigen. Gegenüber dem undurchwurzelten Boden ist in der Umgebung der Wurzeln die mikrobielle Aktivität beträchtlich erhöht. Dieser Zone hat man deshalb einen besonderen Namen, „Rhizosphäre", gegeben. Die Mikroflora der Rhizosphäre hat einen ausgesprochen zymogenen Charakter (vgl. S. 77 – 78), das heißt, sie besteht vorwiegend aus Mikroben, die leichtzersetzliche organische Stoffe verwerten. Ursache für die größere Lebenstätigkeit dieser Mikroorganismen ist das höhere Nährstoffangebot in der Rhizosphäre. Lieferant solcher mikrobiell leicht verwertbarere Substanzen ist die Pflanzenwurzel. Neben den Bestandteilen abgestorbener autolysierter Zellen der Wurzelhaube und Wurzelepidermis sind es vor allem aus den lebenden Wurzeln ausgeschiedene Stoffe, die den Mikroorganismen als Nahrung zur Verfügung stehen.
Die Wurzelausscheidungen enthalten an Kohlenhydraten besonders Glucose und Fruktose, an Aminosäuren Alanin, Glutaminsäure, Arginin, Asparaginsäure u. a. Daneben werden noch organische Säuren und Vitamine ausgeschieden. Bei Kartoffeln und anderen Solanaceen verursachen Wurzelaus-

scheidungen das Schlüpfen der gefährlichen Kartoffelnematoden aus ihren Cysten. Auch die Keimung der Sporen pflanzenpathogener Bodenpilze kann durch Ausscheidungen der anfälligen Pflanzen gefördert werden. Weitgehend unbekannt ist bisher, ob es sich bei der Wurzelausscheidung um einen aktiven oder einen passiven Vorgang handelt und ob die Rhizosphärenorganismen ihrerseits einen Einfluß darauf haben. Wie dem auch sei, die Bakterienzahl in der Rhizosphäre ist beträchtlich. Hundert Milliarden Bakterien je Gramm Wurzeltrockensubstanz sind keine Seltenheit. 10- bis 20mal höher als im undurchwurzelten Boden ist die Besiedlungsdichte der Rhizosphäre. Weniger, wenn auch signifikant erhöht ist die Zahl der Actinomyceten, Pilze, Algen, Protozoen, Nematoden, Collembolen, Milben und Enchyträen. Einen Eindruck von der Bakterienbesiedlung der Wurzeloberfläche vermitteln die Bilder 90 und 91. Zahlreich sind in der engen Rhizosphäre vor allem gramnegative, nichtsporenbildende stäbchenförmige Bakterien. Hauptsächlich handelt es sich um Pseudomonaden. Ein hoher Prozentsatz der Rhizosphärenbakterien begnügt sich mit einfachen Zuckern und Aminosäuren als Kohlenstoff- und Stickstoffquellen.

Die Besiedlung der Rhizosphäre ist von zahlreichen Faktoren abhängig, wie Pflanzenart, Pflanzenalter, Belichtung, Feuchtigkeit, pH-Wert und Mineralstoffangebot. Gewöhnlich steigt die Mikroorganismendichte mit zunehmendem Alter der Pflanzen stark an und erreicht zum Zeitpunkt der intensivsten vegetativen Entwicklung ihren Höhepunkt. Bei Weizen wird etwa zur Zeit der Blüte das Maximum erreicht. Leguminosen, Kruziferen und Gramineen üben die

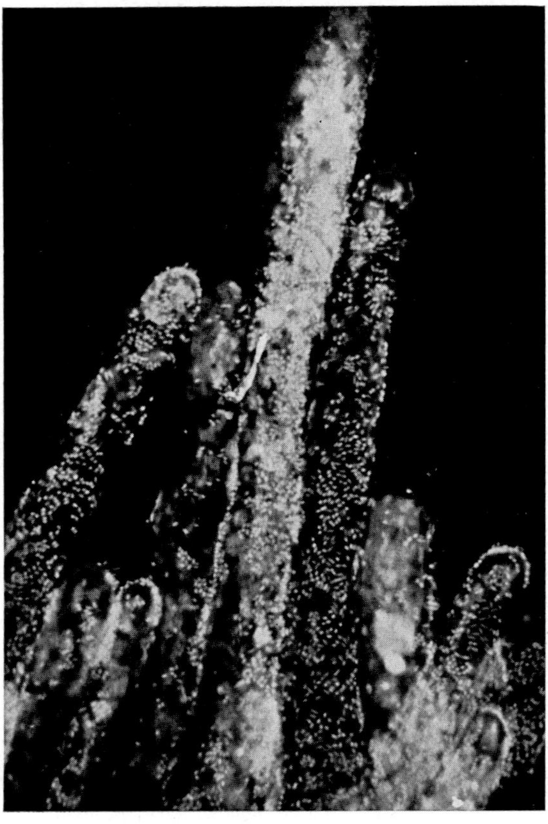

Bild 90. Wurzelhaare von Rotklee bedeckt mit Bakterien

Bild 90. Wurzeloberfläche von Rotklee, dicht mit Bakterien besetzt

stärkste Förderung auf Rhizosphärenorganismen aus. Selbst zwischen einzelnen Pflanzensorten können noch Unterschiede bestehen. So hat man bei Tomaten, Tabak und Flachs, die gegen bestimmte pathogene Wurzelpilze anfällig sind, mehr saprophytische Bakterien und Pilze festgestellt als bei resistenten Sorten. Auf den Einfluß der Mineralstoffernährung der Pflanzen und auf die Bedeutung des pH-Wertes für die Rhizosphärenorganismen wurde schon früher eingegangen (S. 116).

Welche Bedeutung hat nun die Rhizosphärenmikroflora für die Pflanze? Günstig könnten sich auswirken:

1. die Verbesserung der Stickstoffversorgung durch Ammonifikation,
2. die verstärkte Lösung mineralischer Nährstoffe, vor allem von Phosphor,
3. die Synthese von Wuchsstoffen und Vitaminen, die das Pflanzenwachstum fördern und
4. das Vorkommen von Antagonisten gegenüber Krankheitserregern, wodurch die Pflanzen vor diesen geschützt werden.

Ungünstig sind andererseits zu bewerten:

1. der Verbrauch von Sauerstoff,
2. die daraus resultierende Denitrifikation,
3. die eventuelle Immobilisierung von Mineralstoffen.

Ob insgesamt die das Pflanzenwachstum fördernden oder hemmenden Faktoren überwiegen, wird von den ökologischen Bedingungen abhängen. Das C : N-Verhältnis der Wurzelausscheidungen entscheidet, ob die Rhizosphärenorganismen mit den Pflanzenwurzeln um den Bodenstickstoff konkurrieren. Diese Gefahr besteht wahrscheinlich nur bei älteren Pflanzen mit weitem C : N-Verhältnis. Die Nitrifikation ist im Rhizosphärenbereich sehr gering. Dagegen kann die Denitrifikation zu erheblichen Stickstoffverlusten führen. Dieser Prozeß wird durch den starken Sauerstoffverbrauch von Wurzeln und Rhizosphärenorganismen gefördert. Unter den anaeroben Bedingungen fungieren dann die reichlich anfallenden Wurzelausscheidungen als Wasserstoffdonatoren bei der Denitrifikation (s. S. 102). Andererseits sind bedeutendere Stickstoffgewinne durch die Tätigkeit freilebender Stickstoffbinder in der Rhizosphäre kaum zu erwarten (vgl. S. 103 – 104).

In weit größerer Zahl als im undurchwurzelten Boden sind auch phosphatlösende Bakterien im Wurzelraum vorhanden. Eine Verbesserung der Phosphatversorgung der Pflanzen aus schwerlöslichen Phosphaten durch Rhizosphärenorganismen wurde in einigen Versuchen zwar festgestellt, konnte in anderen aber nicht bestätigt werden. Somit bleibt die Rolle der Rhizosphärenflora in dieser Hinsicht noch offen.

Direkte Einflüsse der Mikroflora auf die Pflanzen erfolgen sicherlich durch mikrobielle Stoffwechselprodukte von Wuchsstoffcharakter, wobei das Wurzelwachstum gehemmt, das Sproßwachstum der Pflanzen aber gleichzeitig gefördert wird. Behandelt man Pflanzen mit Wuchsstoffen in bestimmter Konzentration, so treten die gleichen Erscheinungen auf. Nachgewiesen ist, daß zahlreiche Rhizosphärenorganismen Wuchsstoffe bilden. Wir dürfen vermuten, daß das bessere Sproßwachstum von Pflanzen, die mit Rhizosphärenorganismen vergesellschaftet sind, gegenüber solchen, von denen diese künstlich ferngehalten werden, eine Folge der Aufnahme mikrobiell gebildeter Stoffe ist.

Symbiosen von Mikroorganismen mit Pflanzenwurzeln

Eine besonders enge Form des Zusammenlebens ungleichartiger Organismen stellen die Symbiosen dar, bei denen sich die Partner gegenseitig durchdringen. Nach außen hin bietet eine Symbiose den Eindruck friedlicher Zusammenarbeit. Doch bei näherer Betrachtung zeigt sich, daß zwischen den Symbionten nicht eine beiderseitige Förderung, sondern eine gegenseitige Ausnutzung stattfindet. Das Wesen einer Symbiose besteht also in einem wechselseitigen, toleranten Parasitismus, wobei es keine strenge Grenze zum einseitigen Parasitismus eines Partners gibt.

Die Symbiose der Knöllchenbakterien mit den Leguminosen. Hinsichtlich ihrer Bedeutung für den Stickstoffkreislauf und den Stickstoffgehalt des Bodens ist diese Symbiose bereits besprochen worden. Hier soll noch einiges zur Biologie nachgetragen werden. Die in der Gattung *Rhizobium* zusammengefaßten Knöllchenbakterien können viele Jahre frei im Boden leben. In der Rhizosphäre von Leguminosen und anderen Pflanzen finden sie ausgezeichnete Lebensbedingungen (Bild 92). In trockenem heißen Klima kann das Überleben der Rhizobien allerdings gefährdet sein und einen begrenzenden Faktor für den Leguminosenanbau, z. B. den von Luzerne und Klee, darstellen. Schnellwachsende Knöllchenbakterien sterben eher ab als langsamwachsende Arten. Doch hat man festgestellt, daß Wärme und Trokkenheit in manchen schweren Tonböden von empfindlichen Rhizobien besser vertragen werden als in anderen Tonböden und in leichten Böden. Entscheidend ist, welche Tonminerale in schweren Böden vorliegen. Die Knöllchenbakterien wie auch andere Bakterien umgeben sich mit einer Hülle aus Tonteilchen. Nur die Tonminerale Montmorillonit und Illit wirken schützend,

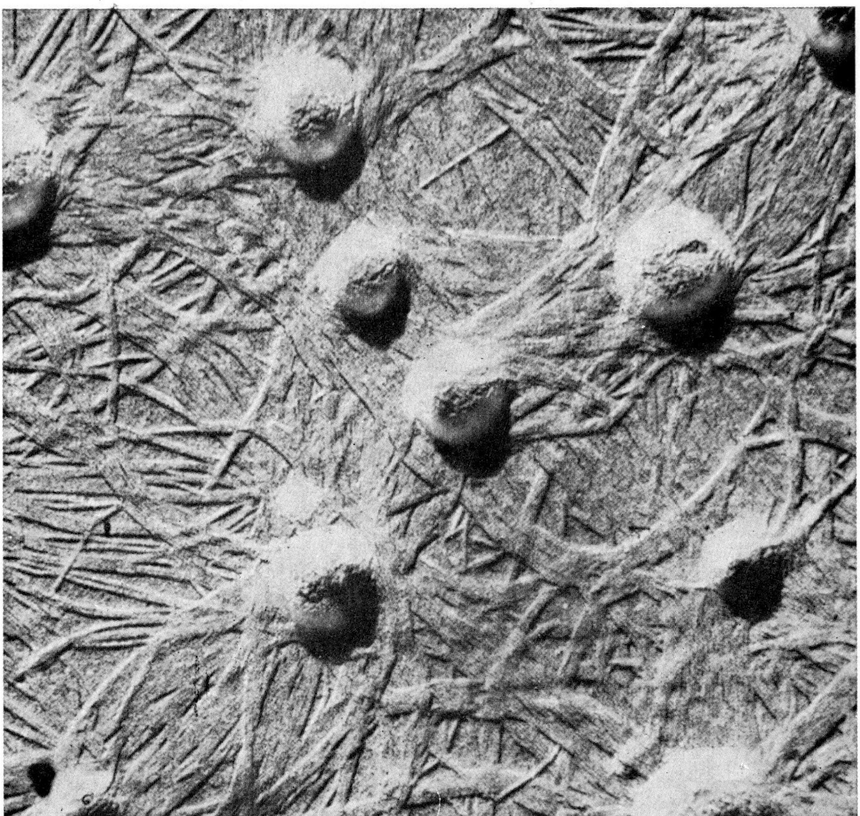

Bild 92. Elektronenmikroskopische Aufnahme der Wurzelhaaroberfläche einer der Luzerne verwandten Leguminose *(Medicago tribuloides)*, bestehend aus einem Geflecht von Mikrofibrillen. Auf diesem sitzen einige Knöllchenbakterien (DART u. MERCER)

Bild 93. Wurzelhaare von Klee *(Trifolium fragiferum)* mit Infektionsschläuchen, *i* Infektionsschlauch, *n* Zellkern eines Wurzelhaares (NUTMAN)

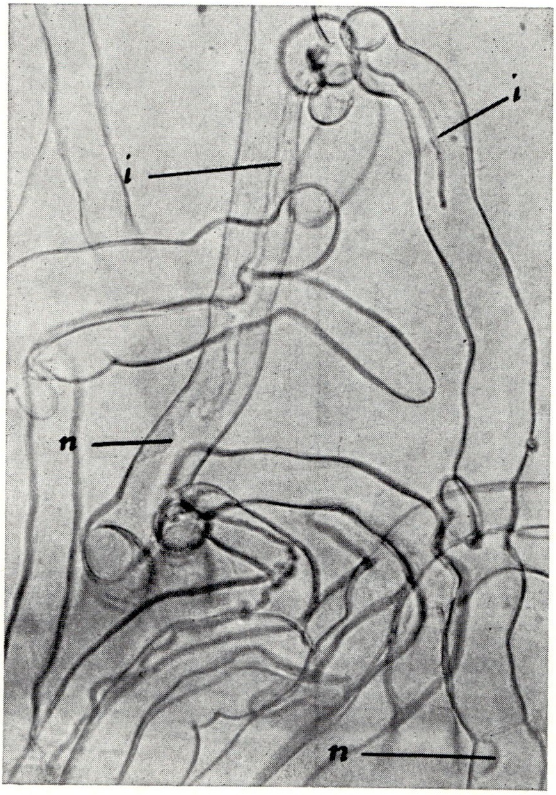

Kaolinit dagegen nicht. Das Eindringen der Rhizobien in die Wirtspflanze erfolgt meistens durch die Wurzelhaare, nachdem sich an ihnen Rhizobienkolonien gebildet haben. Die Rhizobien wandern in einen sog. Infektionsschlauch zur Basis des Wurzelhaares (Bild 93) und dringen dann weiter in die Wurzelrinde ein. Die Umhüllung der Infektionsschläuche mit einem Cellulosemantel ist als eine Reaktion der Wirtspflanze anzusehen. Das Durchstoßen der jungen Zellwände wird durch das Enzym Pektinase ermöglicht, das die aus Pektin bestehenden Mittellamellen löst. Bestimmte Wurzelrindenzellen werden durch den eingedrungenen Infektionsschlauch zur Teilung angeregt, womit die Bildung eines Knöllchens beginnt. Die Infektionsschläuche folgen dem wachsenden Knöllchen nach. Nur die äußeren Zellen werden nicht infiziert. Aus den Infektionsschläuchen gelangen die Rhizobien in das Cytoplasma der Zellen. Dort vermehren sie sich weiter und füllen bald die ganze Zelle aus (Bild 94). Die im Cytoplasma befindlichen Bakterien schwellen offensichtlich unter dem Einfluß des Wirtes an und gehen in eine birnenförmige oder verzweigte Gestalt über. In diesen Gebilden, als Bakteroiden (von gr. bakterion = Stäbchen, eides = ähnlich) bezeichnet, findet die Stickstoffbindung statt. Bis zu diesem Stadium profitieren die Bakterien von ihrer Wirtspflanze. Mit der darauf einsetzenden Verdauung der Bakteroiden durch den Wirt kehrt sich der Spieß um. Die beim Abbau der Bakteroide frei werdenden Aminosäuren decken dann vollauf den Stickstoffbedarf der Pflanze.

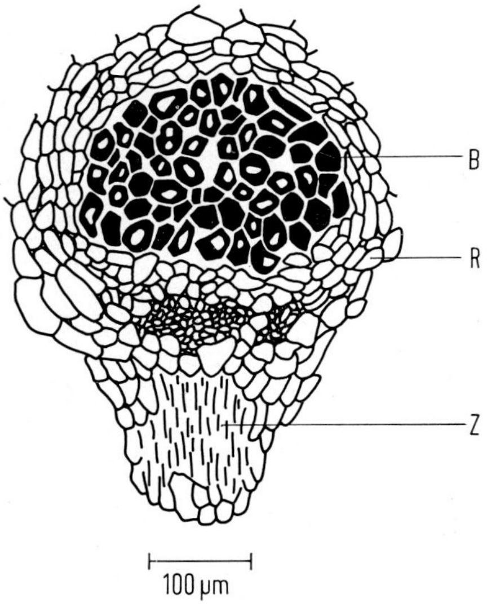

Bild 94. Querschnitt durch ein Rotkleeknöllchen. *B* mit Bakteroiden gefüllte Zellen, *R* Rindenzellen des Knöllchens, *Z* Zentralzylinder der Wurzel, schräg geschnitten

Die verschiedenen Rhizobienarten sind auf bestimmte Wirtspflanzen spezialisiert. Beispielsweise haben Luzerne, Klee, Erbsen, Bohnen, Lupinen und Sojabohnen jeweils eigene Symbionten. Außerdem gibt es Rhizobienrassen, die sich merklich in ihrer Fähigkeit, in Symbiose Stickstoff zu binden, unterscheiden. In dieser Hinsicht unwirksame Rassen sind gegen die bei niedrigen Boden-pH-Werten höheren Konzentrationen an Mangan und Aluminium weniger empfindlich. Eine pH-Anhebung durch Kalkung kann den Anteil wirksamer Rhizobien im Boden erhöhen. Außerdem wirken sich niedriger pH-Wert und damit zusammenhängende niedrige Calciumkonzentrationen hemmend auf das Anfangsstadium der Infektion aus. Bekannt ist des weiteren, daß Stickstoffverbindungen, vor allem Nitrat, die Knöllchenbildung hemmen. Es scheint dafür weniger die Verengung des Kohlenhydrat : Stickstoff-Verhältnisses verantwortlich zu sein, wie man bisher annahm, als vielmehr ein anderer Vorgang. Bei der Infektion der Wurzelhaare spielt nämlich der Wuchsstoff Indolessigsäure, der von den Bakterien produziert wird, eine wichtige Rolle. Dieser Wuchsstoff beeinflußt seinerseits die Bildung der oben erwähnten Pektinase. Steht den Pflanzen nun Nitrat zur Verfügung, so muß dieses für die Synthese von Aminosäuren zunächst reduziert werden. Das dabei als Zwischenstufe entstehende Nitrit inaktiviert durch Oxydation wahrscheinlich die Indolessigsäure. Abgesehen davon sind aber geringe Stickstoffgaben als „Startstickstoff" für die Anfangsentwicklung kleinsamiger Leguminosen günstig. Hohe Stickstoffgewinne sind nur gewährleistet, wenn den Pflanzen ausreichend Phosphor und Kalium zur Verfügung stehen. Zuweilen muß dem Boden auch das Spurenelement Molybdän zugeführt werden, das – wie erwähnt – eine wichtige Rolle bei dem Prozeß der Stickstoffbindung spielt.

Symbiosen von Actinomyceten mit Pflanzenwurzeln. Im Gegensatz zu den Endophyten der Leguminosen konnten die der anderen knöllchenbildenden Pflanzen bisher nicht in vitro kultiviert werden. Doch handelt es sich bei ihnen wahrscheinlich um Actinomyceten (vgl. auch S. 106 f.). Die Knöllchen entwickeln durch dauerndes Wachstum und Verzweigen Ballen, die in manchen Fällen die Größe eines kleinen Apfels erreichen (Erle, Bild 76). Sie werden deshalb auch Rhizothamnien (von gr. rhizo = Wurzel, thamnion = kleines Gebüsch) genannt. Auch bei den Nichtleguminosen erfolgt die Infektion durch Wurzelhaare, und nach Ausbreitung in den Wirtszellen entstehen ebenfalls Verdauungsformen, in denen wahrscheinlich die Stickstoffbindung erfolgt. Bei den miteinander verwandten *Elaeagnus* und *Hippophae* handelt es sich um ein und denselben Actinomyceten, der aber von dem der Erlen verschieden ist. Auch für die N-Bindung der Actinomycetensymbiosen ist das Spurenelement Molybdän notwendig, wie Bild 95 zeigt. Gegenüber gebundenem Stickstoff scheinen diese Symbiosen nicht so empfindlich zu sein wie die der Knöllchenbakterien mit den Leguminosen.

Die Mykorrhiza. Die im vorangegangenen beschriebenen Symbiosen von Knöllchenbakterien und Actinomyceten mit Wurzeln beschränken sich auf verhältnismäßig wenige Pflanzenfamilien. Weit mehr verbreitet sind hingegen Symbiosen von Pilzen mit Wurzeln. Mehr als 80% der höheren Pflanzen bilden eine solche Lebensgemeinschaft, die als Mykorrhiza (von gr. mykos = Pilz, rhiza = Wurzel) bezeichnet wird. Lediglich bei Sumpfpflanzen verschiedener systematischer Zugehörigkeit, bei Kreuzblütlern, den Grasnelkengewächsen und Pflanzen der Ordnung Centrospermae wurden bisher keine Mykorrhizen gefunden. Bei den Pilzpartnern kann es sich um Phycomyceten, Ascomyceten und Basidiomyceten handeln. Im Gegensatz zu den

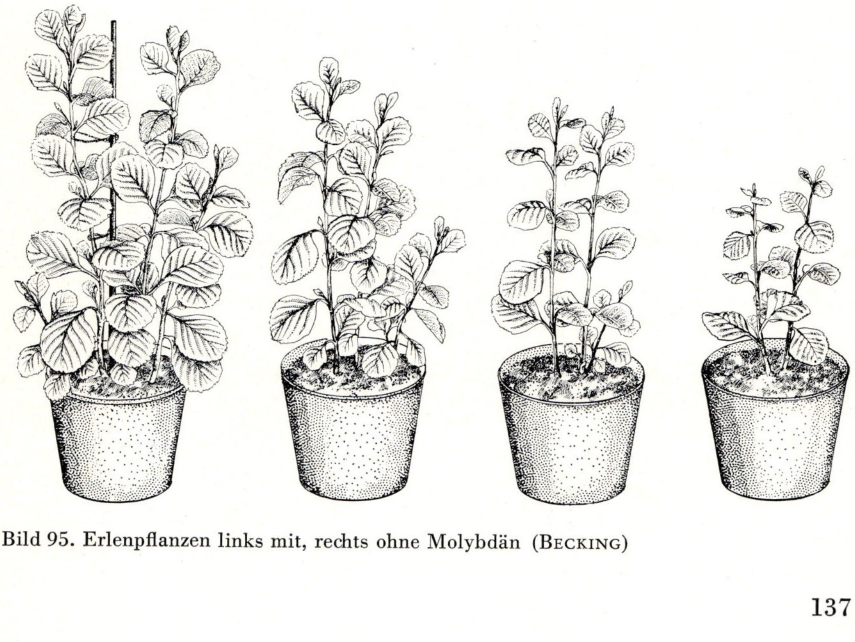

Bild 95. Erlenpflanzen links mit, rechts ohne Molybdän (BECKING)

beiden anderen Symbioseformen tritt bei der Mykorrhiza keine Stickstoffbindung ein. Nach der Art der Verbindung von Pilzhyphen und Wurzeln unterscheidet man eine endotrophe (gr. endon = innen, trophe = Ernährung) und eine ektotrophe (ektos = außen) Mykorrhiza. Bei der endotrophen Mykorrhiza lebt der Pilzpartner vorwiegend innerhalb der Zellen der Wurzelrinde. Es bestehen nur wenige Verbindungen zu dem im Boden lebenden Mycel. Bei der ektotrophen Mykorrhiza dagegen ist die Wurzel von einem dichten Pilzgeflecht umhüllt, von dem aus die Pilzhyphen lediglich zwischen die Rindenzellen vordringen, ohne in deren Inneres zu gelangen. Da es die verschiedensten Übergänge zwischen beiden Formen gibt, ist eine strenge Unterscheidung allerdings nicht möglich. Bei jungen Kiefern, Fichten und Lärchen ist die Mykorrhiza anfänglich endotroph. Die Hyphen leben innerhalb der Zellen, wo sie Knäuel bilden. Das intrazellulare Mycel wird aber durch die Wirtspflanze zum größten Teil abgebaut, nur die interzellularen Hyphen verbleiben im Wirt, so daß die Mykorrhiza schließlich ektotroph wird. In diesem Stadium dürfte ein Gleichgewichtszustand zwischen Pilz und Pflanze erreicht sein.

Die **ektotrophe Mykorrhiza** kommt fast ausschließlich bei Holzgewächsen, u. a. vielen Waldbäumen, vor. Die Hyphen, die unter Lösung der Mittellamellen zwischen die Zellen der Wurzelrinde vordringen, bilden ein inter-

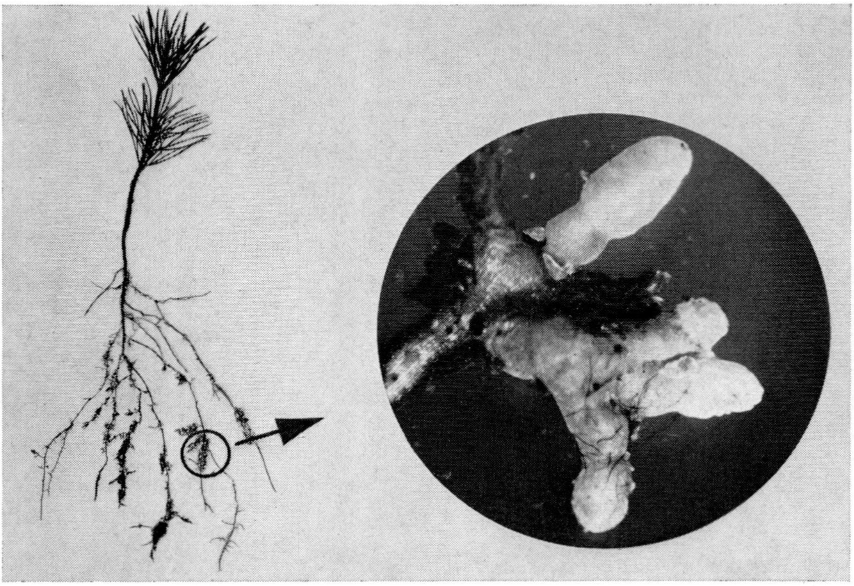

Bild 96. Junge Kiefer (links) mit einer Ausschnittsvergrößerung der Mykorrhiza (rechts)

zellulares Netzwerk, das nach seinem Entdecker als HARTIGsches Netz bezeichnet wird. Das bei der ektotrophen Mykorrhiza vorhandene Pilzmaterial verhindert den direkten Kontakt zwischen der Wurzel und dem Boden, so daß die Wasser- und Nährstoffaufnahme ausschließlich über den Pilzpartner erfolgt. Hinzu kommt eine Unterdrückung der Wurzelhaare und ein gehemmtes Längenwachstum der Wurzeln. Typisch ist die dichotome Verzweigung der Mykorrhizawurzeln (Bild 96). In dem HARTIGschen Netz besteht eine Zone inniger Berührung zwischen Pilz und Pflanze, der eine gewaltige Oberfläche zukommt. Hier entzieht der Endophyt der Pflanze Vitamine und Zukker und liefert ihr dafür Wasser und mineralische Verbindungen. Die Mykorrhizapilze sind größtenteils auf lösliche Kohlenhydrate angewiesen, die sie in der Waldstreu kaum vorfinden und deshalb den lebenden Pflanzenwurzeln entnehmen müssen. Sie zählen daher auch nicht zu den Streuzersetzern, die den hauptsächlich aus Cellulose und Lignin bestehenden Bestandsabfall der Wälder abbauen. Interessant ist, daß die Mykorrhizapilze in den Kohlenhydrathaushalt der Wurzel direkt eingreifen. Das geschieht über den von ihnen in reichlichem Maße gebildeten Wuchsstoff Indolessigsäure. Die Wuchsstoffzufuhr zur Pflanzenwurzel bewirkt nicht nur eine erhöhte Stärkehydrolyse unter Bildung von Zuckern, sondern wahrscheinlich auch die Verlagerung der Zucker von den Stärkereservoiren zu den Orten der Wuchsstoffabscheidung. Der in Mykorrhizawurzeln im Vergleich zu mykorrhizafreien Wurzeln gefundene höhere Zuckerspiegel ist somit als eine Folge der symbiontischen Vereinigung anzusehen.

Die Wurzelverpilzung ist für die Waldbäume besonders auf sauren Standorten mit Moder- und Rohhumusbildungen günstig. In solchen Böden verbessern die Mykorrhizapilze vor allem die Stickstoffversorgung der Bäume, da sie den in der organischen Substanz des Bodens gebundenen Stickstoff ausnutzen können und ihn teilweise an die Pflanze weiterleiten. Die Pilze vermögen durch Ausscheidung organischer Säuren auch schwerlösliche Phosphate und Feldspäte anzugreifen, wodurch sie die Phosphor- und Kaliumversorgung der Wirtspflanze verbessern. In neutralen, nährstoffreichen Böden ist die Mykorrhiza häufig schwächer ausgebildet. Wahrscheinlich liegt die Ursache in einer Kräftigung der Pflanze und einer damit verbundenen Verschiebung des Kampfgleichgewichtes zwischen den Symbionten zugunsten der Pflanze.

Zu den Mykorrhizapilzen gehören zahlreiche bekannte Hutpilze des Waldes, wie Röhrlinge, Täublinge, Milchlinge und Wulstlinge. Manche sind streng auf einen Wirt spezialisiert, z. B. der Goldröhrling auf die Lärche. Andere, wie der Fliegenpilz, haben ein breites Wirtsspektrum. Die Fruchtkörper bilden sich häufig nur in Symbiose mit der Wirtspflanze.

Von ganz besonderer Erscheinungsform ist die **endotrophe Mykorrhiza** der

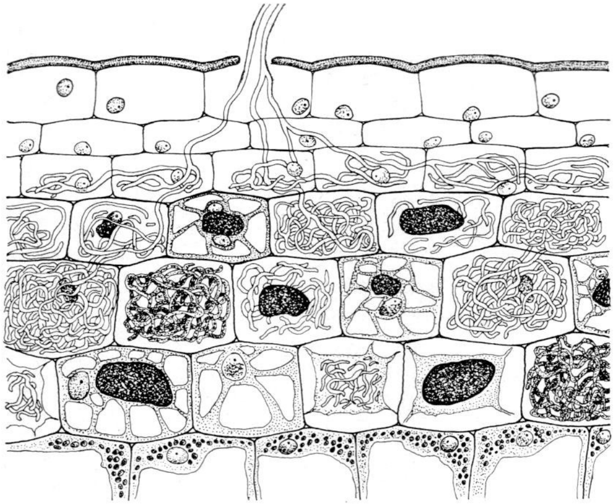

Bild 97. Endotrope Mykorrhiza bei der Orchidee *Platanthera chlorantha*. Längsschnitt durch die Wurzelrinde. Halbschematisch. *a* Epidermis, *b* Subepidermis, *c* Pilzwirtzone, *d* Pilzverdauungszone, *e* Speicherschicht mit Stärkekörnern (BURGEFF, aus SCHAEDE)

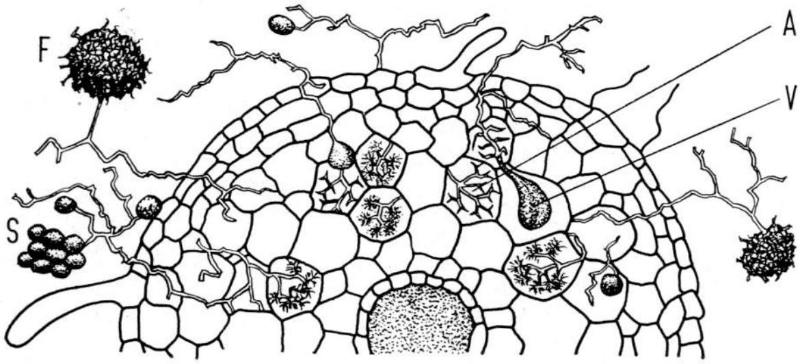

Bild 98. Halbschematischer Querschnitt einer Wurzel mit vesicularer-arbuskularer Mykorrhiza. *A* Arbuskel, *V* Vesikel, *F* Fruchtkörper, *S* Sporen (HARLEY)

Orchideen. Die Pilzhyphen dringen in die Rindenzellen ein, wo sie in einem späteren Stadium vom Wirt verdaut werden. Unerläßlich sind die Mykorrhizapilze für die Keimung der winzigen Orchideensamen. Wegen seiner Kleinheit stehen dem nur wenig entwickelten Orchideenembryo kaum Reservestoffe zur Verfügung. Seine Versorgung mit organischen Stoffen und Mineralsalzen übernimmt der Pilz. Die junge Orchidee parasitiert also eindeutig auf dem Pilzpartner, nicht chlorophylltragende Orchideen sogar ihr ganzes Leben lang. Doch auch zahlreiche grüne Orchideen können als erwachsene Pflanzen ohne Mykorrhiza nicht leben (Bild 97). Die Endophyten der Orchideen gehören ebenfalls zu den Basidiomyceten. Bemerkenswert ist, daß einige von ihnen bei anderen Pflanzen als Parasiten auftreten, wie *Rhizoctonia solani* an krautartigen Pflanzen und der holzzerstörende Hallimasch an Bäumen.

Eine weitere Mykorrhizaform, die eigentlich zur endotrophen Mykorrhiza zu zählen ist, kommt im Pflanzenreich am weitesten verbreitet vor. An ihr sind Pilze beteiligt, die zu den querwandlosen Phycomyceten der Gattung *Endogone* gehören. Die Pilze senden Saughyphen (Haustorien) in die Rindenzellen, wo sie sich bäumchenartig zu sog. Arbuskeln verzweigen. Außerdem treten geschwollene Körperchen außerhalb und innerhalb der Wirtspflanze auf, die als Vesikel bezeichnet werden (Bild 98). Diese endotrophe Mykorrhiza, deshalb als **vesikulare-arbuskulare Mykorrhiza** bezeichnet, unterscheidet sich von der ektotrophen Mykorrhiza der Waldbäume und der der Orchideen schon allein darin, daß die massenhafte Pilzentwicklung in oder an den Wurzeln fehlt. Die Zahl der von den infizierten Wurzeln austretenden Hyphen ist verhältnismäßig gering, so daß eine Verbesserung der Nährstoffversorgung der Pflanzen sicher nicht in dem Ausmaß wie bei den beiden anderen Mykorrhizaformen erfolgt. Dennoch ist besonders unter ungünstigen Umweltbedingungen eine Förderung der Pflanzen durch die Endophyten festgestellt worden, deren Ursache wahrscheinlich in einer Wirk- bzw. Wuchsstofflieferung an die Pflanze liegt.

Bodenbürtige Pflanzenkrankheiten und Fruchtfolge

Die Mykorrhizapilze unterscheiden sich von den echten krankheitserregenden Pilzen darin, daß sie ihren Wirt nicht schädigen oder gar zum Absterben bringen, sondern, wie wir gesehen haben, mittels verschiedener eigener Leistungen sein Wachstum sogar noch fördern. Weil sie sich dadurch ihre Lebensgrundlage bewahren, gelten sie auch als die am höchsten entwickelten wurzelbewohnenden pilzlichen Parasiten. Mykorrhizapilze und andere obligate Wurzelparasiten sind im engeren Sinne keine eigentlichen Bodenbewohner, da sie ohne die lebende Wurzel auf die Dauer nicht auskommen können. Ihre Anpassung an eine parasitische Lebensweise vermindert nämlich gleichzeitig ihre saprophytische Konkurrenzfähigkeit. Dennoch vermögen sie eine gewisse Zeit im Boden ohne die Wirtspflanze, häufig in inaktiven Stadien als Sporen und Sklerotien zu überdauern. Das andere Extrem unter den Krankheitserregern stellen die fakultativen Parasiten dar. Sie ernähren sich als Bodenbewohner vorwiegend von abgestorbenen Pflanzenresten und befallen nur gelegentlich Pflanzen.

In einer natürlichen Lebensgemeinschaft, in der sich alle Glieder in einem biozönotischen Gleichgewicht befinden, kann es nicht zu einem Überhandnehmen irgendwelcher Organismen kommen. Wenn aber infolge landwirtschaftlicher oder forstwirtschaftlicher Nutzung diese Biozönose zerstört wird, indem nur bestimmte Kulturpflanzen in einem Biotop angebaut und geduldet werden, dann finden naturgemäß auch deren spezielle Feinde bessere Lebensbedingungen. Aus diesem Grunde sind Ernten durch pflanzliche und tierische Schädlinge ständig gefährdet. Die Bedrohung nimmt in der Regel noch zu, wenn auf der gleichen Fläche ein und dieselbe Pflanzenart wiederholt angebaut wird. Um einer Anreicherung der Feinde unserer Kulturpflan-

Bild 99. Ein von der Halmbruchkrankheit befallener Weizenbestand

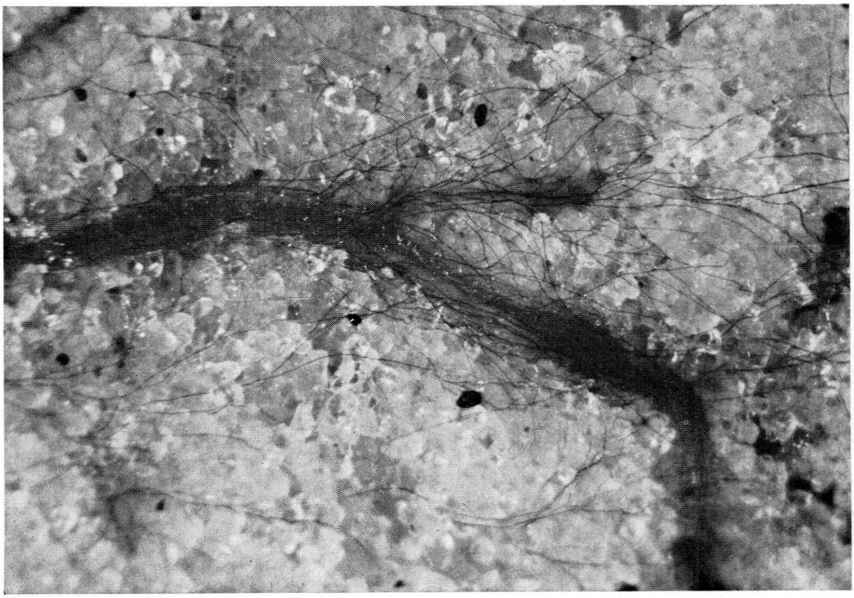

Bild 100. Der Erreger der Schwarzbeinigkeit bei Weizen und Gerste breitet sich mit dunklen Laufhyphen an der Wurzeloberfläche aus. Von diesen abzweigende Hyphen dringen in die Wurzel ein und bringen sie schließlich zum Vermorschen

zen entgegenzuwirken, wird in der Landwirtschaft schon seit mindestens zweitausend Jahren Fruchtwechsel betrieben. In einer Fruchtfolge werden die einzelnen Kulturpflanzen in möglichst großem zeitlichem Abstand nacheinander angebaut, um damit u. a. Krankheitserreger auszuhungern. Die rasche Technisierung in letzter Zeit zwingt heutzutage dazu, die immer aufwendigeren Bearbeitungs- und Erntemaschinen möglichst ökonomisch einzusetzen. Das hat zur Folge, daß der Landwirt sich auf den Anbau weniger Kulturen beschränken oder gar Monokultur betreiben muß. Eine besonders große Gefahr stellen beim einseitigen Getreidebau die sog. Fruchtfolgekrankheiten dar. Wiederholter Anbau von Weizen und Gerste fördert vor allem zwei Krankheiten: den parasitären Halmbruch, Erreger *Cercosporella herpotrichoides* (Bild 99) und die Schwarzbeinigkeit, Erreger *Ophiobolus (= Gaeumannomyces) graminis* (Bild 100). Weitere wichtige pilzliche Erreger von Wurzelkrankheiten des Getreides sind: *Helminthosporium sativum* und *Fusarium culmorum*. Eine diese Fußkrankheiten eindämmende Wirkung zeigen besonders Rotklee, Luzerne, Erbsen und Kleegrasgemisch. Für Hafer stellt beim wiederholten Anbau das Auftreten des Hafernematoden eine ernste Gefahr dar. Den großen Einfluß der verschiedenen Fruchtfolgen auf das Auftreten der Halmbruchkrankheit und auf die Kornerträge von Weizen zeigen in der berühmten englischen landwirtschaftlichen Forschungsanstalt Rothamsted durchgeführte langjährige Fruchtfolgeversuche (Bild 101). Der höchste Befall und die niedrigsten Erträge tre-

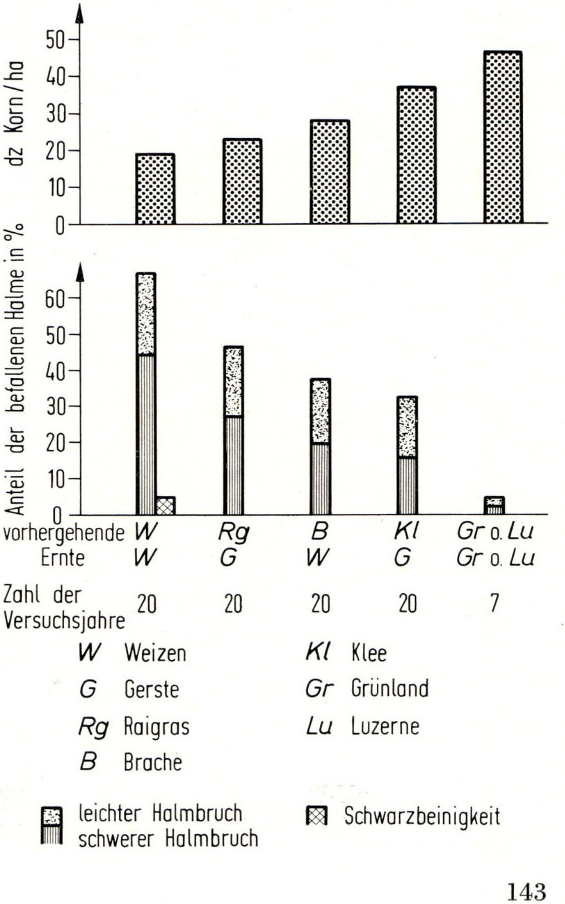

Bild 101. Weizenerträge und Befall mit Halmbruch bei verschiedenen Fruchtfolgen (MARY D. GLYNNE)

ten im Mittel bei ununterbrochenem Weizenanbau auf (1. Säule von links). Bei einer Fruchtfolge, in der Weizen alle 4 Jahre wiederkehrte (2. Säule), waren die Erträge besser und der Befall geringer. Noch günstiger wirkten sich einjährige Brache und eine sechsjährige Rotation aus (3. u. 4. Säule). Am höchsten lagen die Weizenerträge nach zweijährigem Anbau von Luzerne oder Grünlandnutzung (5., letzte Säule). Entsprechend war in dieser Variante der Befall äußerst gering. Verschiedentlich wurde bei Weizenmonokulturen die Erfahrung gemacht, daß die Erträge zunächst abnehmen, wobei der Befall mit Pilzkrankheiten zunimmt, nach einer Reihe von Jahren aber wieder eine Zunahme der Erträge, begleitet von einer Abnahme des Krankheitsbefalls, eintritt. Jedoch werden die anfänglichen Höchsterträge nicht wieder erreicht. Auf einigen Böden scheinen sogar nach langen Jahren reiner Monokultur anfälliger Kulturen die Erträge höher und der Befall mit Fußkrankheiten dementsprechend niedriger zu sein als in Fruchtfolgen mit häufiger Wiederkehr von Weizen und Gerste. Dieses Phänomen ist bisher noch weitgehend ungeklärt. Man nimmt aber an, daß der Aufbau einer gegen die Parasiten antagonistisch wirkenden Mikroflora eine wichtige Rolle spielt.
Bekannt ist jedenfalls, daß die Mikroflora der Rhizosphäre und die Mykorrhiza für die Resistenz der Pflanzen gegenüber Wurzelkrankheitserregern eine große Bedeutung haben. Mykorrhizawurzeln werden viel weniger von phytopathogenen Pilzen befallen als Wurzeln ohne Mykorrhiza. Auch die Rhizosphärenorganismen bilden einen gewissen Schutzwall gegen Pflanzenparasiten. Das zeigt sich, wenn unter sterilen Bedingungen angezogene Pflanzen mit einem Krankheitserreger infiziert werden. Die Infektion verursacht bei diesen Pflanzen eine viel größere Schadwirkung als bei solchen Pflanzen, an denen sich eine normale Mikroflora in der Rhizosphäre entwickelt. Zwar wird die Rhizosphäre anfälliger Pflanzen stärker von saprophytischen Mikroorganismen besiedelt, doch finden sich in der Rhizosphäre resistenter Pflanzen mehr Antagonisten gegen Krankheitserreger, z. B. bei Bohnen, die gegenüber dem phytopathogenen Bacterium *Xanthomonas phaseoli* und bei Baumwolle, die gegenüber dem Pilz *Verticillium dahliae* resistent sind.
Die Bekämpfung der bodenbürtigen Pflanzenkrankheiten mit chemischen Mitteln kommt nur in Ausnahmefällen in Frage. Auch die Resistenzzüchtung hat bei vielen wichtigen Pathogenen, u. a. den Fußkrankheitserregern des Getreides, bisher keinen Erfolg gehabt. Um so notwendiger ist es daher, das Verhalten der Parasiten im Boden zu kennen und daraus Erkenntnisse für eine indirekte Bekämpfung zu gewinnen. Wichtige Hinweise geben die Ansprüche der Parasiten hinsichtlich der Ernährung, ihrer Konkurrenzfähigkeit gegenüber den saprophytischen Organismen, der Temperatur, der Feuchtigkeit und dem pH-Wert des Bodens.
Interessante Beziehungen wurden zwischen der antibiotischen Wirkung der

Bild 102. Temperaturabhängigkeit des Befalls von Weizen mit *Ophiobolus graminis* in sterilisiertem und unsterilisiertem Boden (Henry)

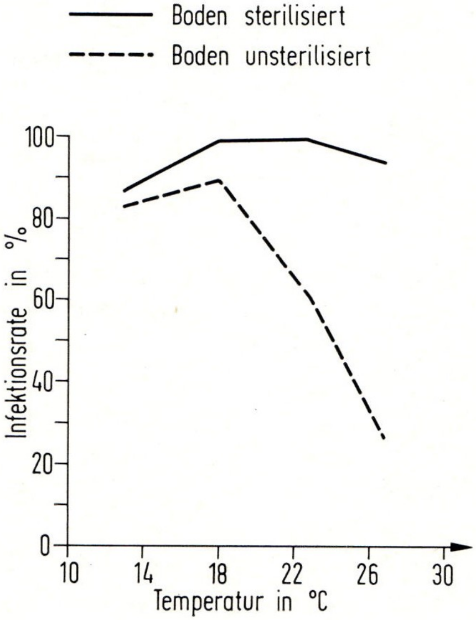

Bodenmikroflora gegenüber dem Erreger der Schwarzbeinigkeit und der Temperatur entdeckt. Die in Bild 102 dargestellten Versuchsergebnisse zeigen, daß in sterilisiertem Boden die Schadwirkung, ziemlich unabhängig von der Temperatur, sehr groß ist. Im unsterilen Boden verringert sich die Schädigung der Pflanzen mit zunehmender Temperatur dagegen wesentlich. Als Ursache hierfür ist die größere Aktivität des Edaphons bei höherer Temperatur anzusehen. Damit in Einklang steht, daß der Parasit rascher in warmem als in kaltem Boden und schneller in gut durchlüftetem als in kompaktem Boden verschwindet.

Die pflanzenhygienische Wirkung der Saprophyten läßt sich durch Zufuhr organischer Stoffe in Form von Stallmist und Gründüngung beträchtlich steigern. Sie erstreckt sich zuweilen auch auf parasitische Nematoden. Allerdings gibt es einige Krankheitserreger, die auf diese Weise nicht oder nur wenig zurückgedrängt werden. Das sind die erwähnten fakultativen Parasiten, die saprophytisch im Boden leben können. Hierher gehören u. a. *Fusarium culmorum*, das an Getreidewurzeln und Ähren Schäden hervorruft, sowie andere primitive Parasiten, die nur junge Pflanzen befallen, wie der Wurzeltöter *Rhizoctonia solani* und *Pythium*-Arten. Die saprophytische Konkurrenzfähigkeit der meisten übrigen bodenbürtigen Krankheitserreger ist glücklicherweise jedoch gering. Die befallsmindernde Wirkung frischer organischer Stoffe beruht hauptsächlich darauf, daß sich die Antagonisten der Parasiten vermehren. Manche Pilze, wie *Rhizoctonia solani* und *Ophibolus graminis*, werden zusätzlich durch das beim Abbau reichlich gebildete Kohlendioxid gehemmt.

Die hochspezialisierten Krankheitserreger sind im Boden den anderen Mikroorganismen beim Wettstreit um die Nährstoffe unterlegen. Das zeigt sich insbesondere beim Stickstoff. Wird dem Boden sehr junges und damit stickstoffreiches Pflanzenmaterial zugesetzt, so entsteht bei dem recht stürmischen Abbau (Ammonifikation) ein Stickstoffüberschuß, der die Krankheitserreger im Boden unter Umständen sogar noch fördern kann. Ein enges C : N-Verhältnis begünstigt das Überleben von *Verticillium alboatrum*, einem Pilz, der Welkekrankheiten hervorruft, von *Fursarium solani* f. sp. *phaseoli*, das eine Wurzelfäule bei Bohnen verursacht und ebenfalls von *Ophiobolus graminis*. Gründüngung fördert auch die Konidienkeimung des Erregers der Halmbruchkrankheit *Cercosporella herpotrichoides*, wohl über eine verbesserte Nährstoffversorgung der Sporen. Fehlen die geeigneten Wirtspflanzen Weizen oder Gerste, so gehen die gekeimten Sporen ein. Eine verstärkte Infektion kann aber erfolgen, wenn im Anschluß an eine Gründüngung Weizen angebaut wird. Bei weitem C : N-Verhältnis sind viele Krankheitserreger in der Konkurrenz um den spärlich vorhandenen verfügbaren Stickstoff unterlegen. Sie sterben ab und werden von anderen Mikroorganismen abgebaut. Besonders eingehend sind die Verhältnisse bei *Ophiobolus graminis* untersucht worden. Der Pilz überdauert an Stoppelrückständen. In Böden mit N-Mangel, in denen das Stroh nur langsam zersetzt wird, verschwindet der Parasit eher als bei guter N-Versorgung, die einen schnelleren Strohabbau zur Folge hat. Eine überdosierte Stickstoffdüngung fördert ebenfalls häufig den Befall. Als Beispiel möge eine *Fusarium*-Welke bei Baumwolle dienen (Bild 103). Auch die Stickstofform kann eine Rolle spielen. Ammonium-N begünstigt eine bei Bohnen auftretende, durch eine *Fusarium*-Art hervorgerufene Wurzelfäule mehr als Nitrat-N, da Ammonium von Pilzen bevorzugt verwertet wird. Hingegen wird durch Kaliumdüngung häufig der Befall eingeschränkt. Das ist für das Auftreten von *Fusarium oxysporum* an Luzernewurzeln sowie von *Fusarium culmorum* und *Ophiobolus graminis* an Weizenwurzeln festgestellt worden. Hinzugefügt sei, daß die Mineraldüngung auch das Vorkommen von Antagonisten in der Rhizosphäre beeinflußt. Durch höhere Phosphor- und Kaliumgaben werden diese besonders

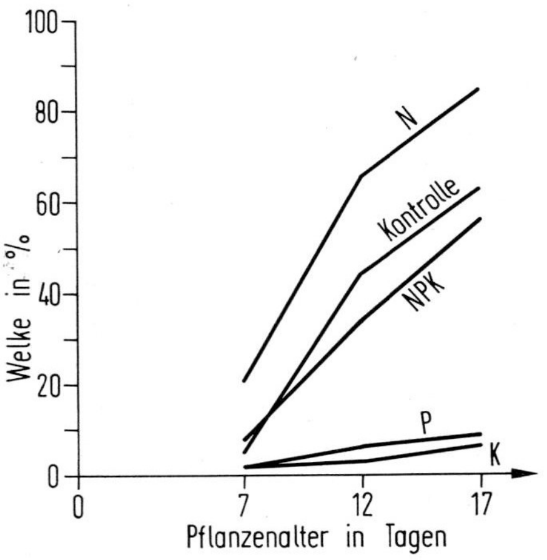

Bild 103. Einfluß der Mineraldüngung auf die parasitäre Baumwollwelke (Sadasivan)

Bild 104. Wirkung von N, P, K und NPK auf den Anteil antagonistischer Mikroorganismen in der Rhizosphäre von welkeanfälliger Baumwolle (SADASIVAN)

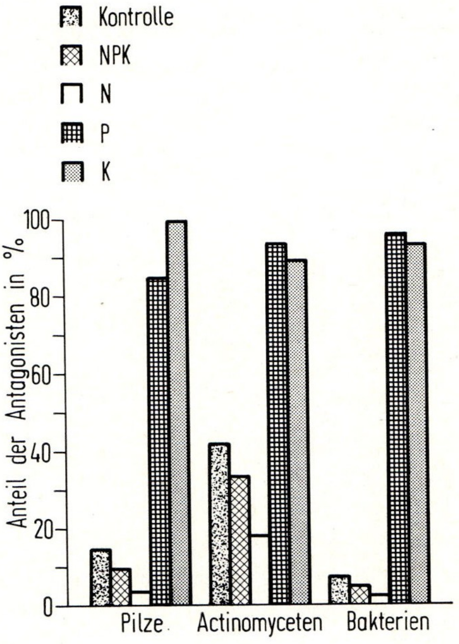

gefördert (Bild 104). Für den Landwirt ist letztlich nicht so sehr die Gesundheit als der Ertrag der Pflanzen entscheidend. Beispielsweise wird durch reichliche Stickstoffgaben bei Getreide die Ausbreitung des Erregers der Schwarzbeinigkeit begünstigt, aber noch stärker wird das Pflanzenwachstum und die ständige Bildung neuer Wurzeln gefördert, so daß die Erträge der kränkeren, reichlich N-ernährten Pflanzen höher sind als die der gesünderen, mit weniger Stickstoff ernährten. Im allgemeinen dürfte aber eine hohe Widerstandsfähigkeit der Pflanzen gegen Krankheit, verbunden mit hohen Erträgen, am sichersten mit einer harmonischen Mineraldüngung zu erreichen sein.

Weiterführende Literatur

ALEXANDER, M.: Introduction in Soil Microbiology. John Wiley & Sons, New York, London, Sydney, 1967

BECK, TH.: Mikrobiologie des Bodens. Bayerischer Landwirtschaftsverlag, München, Basel, Wien, 1968

BRAUNS, A.: Praktische Bodenbiologie. Gustav Fischer Verlag, Stuttgart, 1968

DOMMERGUES, Y. et F. MANGENOT: Écologie microbienne du Sol. Masson & Cie, Paris, 1970

DOMSCH, K. H. u. W. GAMS: Pilze aus Agrarböden. Gustav Fischer Verlag, Stuttgart, 1970

DUNGER, W.: Tiere im Boden. Die Neue Brehm-Bücherei. A. Ziemsen Verlag, Wittenberg Lutherstadt, 1964

GARRETT, S. D.: Pathogenic root-infecting Fungi. University Press, Cambridge, 1970

KÁS, V.: Mikroorganismen im Boden. Die Neue Brehm-Bücherei. A. Ziemsen Verlag, Wittenberg Lutherstadt, 1964

KÜHNELT, W.: Grundriß der Ökologie. VEB Gustav Fischer Verlag, Jena, 1965

MÜLLER, G.: Bodenbiologie. VEB Gustav Fischer Verlag, Jena, 1965

SCHLEGEL, H. G.: Allgemeine Mikrobiologie. Georg Thieme Verlag, Stuttgart, 1969

Weitere Angaben im Quellenverzeichnis der Abbildungen und Tabellen.

Quellenverzeichnis der Abbildungen und Tabellen

Bild 2, 37, 45, 50, 52, 53, 70

Soil organisms. Proc. colloquium soil fauna. Herausgeber J. DOEKSEN u. J. van der DRIFT. North-Holland Publishing Comp., Amsterdam, 1963

Bild 25, 28, 64, 66

Soil biology. Herausgeber A. BURGERS u. F. RAW. Academic Press, London u. New York, 1967

Bild 55, 56, 67, Tab. 3

Handbuch der Pflanzenernährung und Düngung. Herausgeber H. LINSER, Springer-Verlag, Wien u. New York, 1966

Bild 93, 98, 101, 103, 104

Ecology of soil borne plant pathogens. Herausgeber K. F. BAKER u. W. C. SNYDER, John Murray, London, 1965

Bild 71, 72, 74

Ann. Inst. Pasteur, Sept. 1965

Bild 47, 54

Beiträge zur Bodenbiologie. Herausgeber O. GRAFF u. J. E. SATCHELL. Friedr. Vieweg u. Sohn, Braunschweig u. North Holland Publishing Comp., Amsterdam, 1967

Bild 65, 81

Kali-Briefe, Bd. 8, Fachgebiet 8, 1966

Bild 68, 95

Stikstof Nu. 12, 1968

Bild 86, 87, 88, 89

Umschau in Wissenschaft und Technik, H. 2, 1967 u. Image, Medizinische Bilddokumentation Roche

Bild 27, 63, 99

Verkaufsgemeinschaft Deutscher Kaliwerke, Hannover

Bild 29, 34

Institut für Humuswirtschaft der Forschungsanstalt für Landwirtschaft, Braunschweig-Völkenrode

Bild 1

BALOGH, J.: Lebensgemeinschaften der Landtiere. Akademie-Verlag Berlin u. Verlag der Ungarischen Akademie der Wissenschaften Budapest, 1958

Bild 35, 36

BASF, Limburgerhof

Bild 7

Inst. f. den wissenschaftlichen Film, Göttingen, wissensch. Film C 893/1965

Bild 8

Soil Microbiology Department and Plant Pathology Department, Rothamsted Experimental Station, Harpenden

Bild 39

Science **155**, 1967

Bild 46

Naturwissenschaften **45**, 1958

Bild 49

Scheffer, F. u. P. Schachtschabel, Lehrbuch der Bodenkunde, Ferdinand Enke-Verlag, Stuttgart, 1970

Bild 51

Nach einer Demonstrationstafel auf einer Exkursion im Anschluß an das Colloquium: Dynamik der Bodenlebensgemeinschaft. Braunschweig-Völkenrode, 1966

Bild 61

Gray, T. R. G., The Hartley Botanical Laboratories, Liverpool

Bild 73

The ecology of soil bacteria, Herausgeber T. R. G. Gray u. D. Parkinson, Liverpool University Press, 1967

Bild 78

Landwirtsch. Forsch. **14,** 1961

Bild 80

The role of potassium in agriculture, Madison, 1968

Bild 82

Naturwissenschaften **48,** 1961

Bild 84

Mankau, R., University of California, Riverside, Department of Nematology

Bild 92

Arch. Mikrobiol. **47,** 1964

Bild 97

Schaede, R.: Die pflanzlichen Symbiosen, Fischer Verlag Stuttgart, 1962

Bild 102

Canad. J. Res. **7,** 1932

Tabelle 1

Bayer. Landwirtsch. Jb. **44,** 1967

Tabelle 4

Mengel, K.: Ernährung und Stoffwechsel der Pflanze. VEB Fischer Verlag, Jena, 1968

Übrige Abbildungen und Tabelle 5 vom Verfasser.

Sachregister